茶 艺

主编 蒲 鸥

副主编 王堂祥 周 伟

学苑出版社

图书在版编目（CIP）数据

茶艺 / 蒲鸥主编；王堂祥，周伟副主编 . — 北京：
学苑出版社 , 2023.11
　　ISBN 978-7-5077-6786-5

　　Ⅰ．①茶… Ⅱ．①蒲… ②王… ③周… Ⅲ．①茶艺
Ⅳ．① TS971.21

中国国家版本馆 CIP 数据核字（2023）第 225144 号

责任编辑：乔素娟
出版发行：学苑出版社
社　　　址：北京市丰台区南方庄 2 号院 1 号楼
邮政编码：100079
网　　　址：www.book001.com
电子邮箱：xueyuanpress@163.com
联系电话：010-67601101（销售部）、010-67603091（总编室）
印　刷　厂：河北赛文印刷有限公司
开本尺寸：787 mm × 1092 mm　1 / 16
印　　张：10.75
字　　数：215 千字
版　　次：2023 年 11 月第 1 版
印　　次：2023 年 11 月第 1 次印刷
定　　价：60.00 元

作者简介

　　蒲鸥，本科，旅游管理专业，助理讲师，现为重庆市黔江区民族职业教育中心旅游专业教师。国家二级茶艺技师、重庆市茶艺职业技能竞赛裁判员，重庆市教师教学能力大赛二等奖。指导学生获重庆市第十二届中职学生职业技能大赛旅游服务类专业竞赛茶艺项目二等奖。

前　言

　　茶是中国人的"国饮"，茶艺所体现的正是中国人的生活文化。茶之理至深，茶之义至远。一提到茶文化，不免让人觉得清雅、深邃且不易接近，其实不然，茶文化既源于生活也贴近生活，尤其是在广东、福建等地，茶已经完全融入人们的日常生活之中。在漫长的历史进程中，中国人对茶的认知从食用、药用发展到饮用，品茶使茶成为一种品类繁多并具有礼仪形式的饮品，也使品茶走上了艺术化的道路。

　　本书主要分为六部分。项目一简要介绍了茶艺的概念及特点、茶艺的历史源流、茶艺的分类及构成要素、茶艺与茶道的关系、茶艺形式美的表现法则等基本理论。项目二主要介绍了茶叶种类、茶叶的品质鉴评、茶叶的保存方法、茶叶的功效与科学饮茶等四方面的内容。项目三介绍了茶叶冲泡程序，选取了中国名茶的代表进行冲泡程序的详细说明。每一种茶叶代表一种文化，不同的冲泡程序能充分表达出茶叶的特色与品质。项目四介绍了茶艺礼仪与接待。项目五介绍了茶艺创作与表演。项目六介绍了茶艺馆管理与茶艺师必备基本知识。总的来说，本书理论性强、专业知识丰富，还配有相应的插图以加深读者对文字的理解，是一本不可多得的专业性书籍，适合从事茶艺工作的人群以及茶艺爱好者阅读。

　　本书在写作过程中借鉴了一些学者、专家的宝贵成果，在此向他们表示诚挚的敬意。由于作者水平有限，书中难免会有不足之处，希望广大专家、读者给予指正，以便将来对本书进行补充修改，使之进一步完善。

蒲鸥

2023 年 5 月

目　录

项目一　茶艺发展

任务一　茶的起源

一、茶树

中国是世界上最早发现茶树和利用茶树的国家，这已经被世界各国公认并接受。

中华人民共和国成立之后，我国科技工作者和茶人组织了考察团，对我国野生大茶树资源进行了系统调查，结果表明：我国野生大茶树分布极为广泛，遍布十几个省份，而且有的地方成片生长着野生大茶树。我国的野生大茶树生长地区主要分布在云南、四川、贵州、湖南、湖北、福建、浙江、广东、广西等地，其中，以滇南、滇西居多。

至今，全世界发现山茶树约 100 种，我国云南、贵州地区就有 60 多种。在云南普洱市镇沅彝族哈尼族拉祜族自治县九甲镇和平乡千家寨茶山的野生古茶树群落中，有一棵古茶树的树龄约为 2700 年，树高达 25.6 米，基部干茎 1.2 米。这是世界迄今发现的最为古老的茶树（见图 1-1）。

在我国古代文献中，称茶树为"南方之嘉木"。它一次种，多年收，是一种常绿木本植物，野生，乔木型茶树高可达 15～30 米，基部干围达 1.5 米以上，寿命可达数百年，甚至上千年之久。目前，人们通常见到的是栽培茶树，为了多产芽叶和方便采收，往往用修剪的方法抑制茶树纵向生长，促使茶树横向扩展，所以，树高多为 0.8～1.2 米。

茶树的叶由叶片和叶柄组成，没有托叶，属于不完全叶。在枝条上为单叶互生，着生的状态因品种不同而不同，有直立状、半直立状、水平状、下垂状四种。叶面有革质，较平滑，有光泽；叶背无革质，较粗糙，有气孔，是茶树交换体内外气体的通道。

图 1-1　生长在云南省内 2700 多年树龄的野生古茶树王

茶树叶片（见图 1-2）的大小、色泽、厚度和形态，因品种、季节、树龄及农业技术措施等不同有显著差异。叶片形状有椭圆形、卵形、圆形等，以椭圆形和卵形居多。成熟叶片的边缘上有锯齿，一般为 16～32 对；叶片的叶尖有急尖、渐尖、钝尖和圆尖之分，叶片的大小，长的可达 20 厘米，短的 5 厘米，宽的可达 8 厘米，窄的仅 2 厘米。

图 1-2　茶树叶片

以成熟叶为例。茶树叶片的叶脉呈网状，有明显的主脉，由主脉分出侧脉，侧脉又分出细脉，侧脉与主脉呈 45°左右的角度向叶缘延伸，到叶缘三分之二处，呈弧形向上弯曲，并与上一侧脉连接，组成一个闭合的网状输导系统，这是茶树叶片的重要特征之一。

茶树叶片上的茸毛（见图 1-3）一般常指的"毫"，是它的主要特征之一。茶树的嫩叶背面着生茸毛，是鲜叶细嫩、品质优良的标志，茸毛越多，表示叶片越嫩。一般从嫩芽、幼叶到嫩叶，茸毛逐渐减少，到第四叶叶片成熟时，茸毛便已不见了。

图 1-3　茶树叶片上的茸毛

"一方水土养一方人"，这里也要说：一方水土养一方茶。我国的四大茶区：西南茶区、华南茶区、江南茶区、江北茶区，它们各自的土壤、气候等综合环境不同，造就了它们各自的品质。实践经验表明，不管哪个区域的茶园，也不管茶园规模大小，适合种植优质茶树的综合环境共同特点：第一，有效土层（耕作层）比较松软肥厚，稍紧而不坚实；第二，土质不过于黏，带些风化砂石质或夹杂少量砾石，具有酸性；第三，既能通气透水，又能保水蓄肥，水分和养分含量较多；第四，土温相对稳定，也就是作为土壤肥力四因素的水、肥、气、势比较丰富协调。

二、茶的发现与利用

人工栽培茶树，我国至少三千年前就开始了。在中国古代典籍中，关于茶的记载源远流长。相传是神农氏最早发现了茶，《神农本草经》有这样的记载："神农尝百草，日遇七十二毒，得荼而解之。"这里的"荼"是茶的古称。

在中国古代，茶有各种各样的叫法。从现有史料来看，"荼"最早见于《诗经》。我国最早的一部词典《尔雅》中称茶为"槚""苦荼"。在唐代以前，使用最多的还是"荼"字，该字一字多义，一字多音，在指称茶时，读音也是"茶"。随着茶事的发展，一字多义的"荼"字最终衍生出"茶"字。从盛唐开始，"茶"开始成为通用名称，"茶"字的字形、字音、字义一直沿用至今。

从《神农本草经》的相关记载来看，人类对茶最早的利用是解毒，因而茶最初就是作为药用。在原始社会，农业虽然有了一定的发展，但粮食供应仍然有限，还要靠挖掘野菜和植物块根以及摘取某些树木的幼芽嫩叶和稻米一起熬煮食用，其中就包括茶树芽叶。在长期的食用过程中，人们发现茶树叶子有解渴、提神和治疗某些疾病的作用，就单独将它煮成菜羹，以后又将它熬煮成茶水作饮品。

汉末魏晋以后，随着饮茶之风的盛行，茶已经走出了帝王将相的深宫大院，进入寻常百姓的生活，逐渐变成了一种饮料。当时一些文人、高僧都喜欢饮茶，甚至亲自种茶。到了唐代，饮茶之风日盛，茶已成为人们日常生活中不可缺少的饮料。茶学家和中医学家都认为，茶不仅是生津解渴的饮料，也是一种含有丰富生理作用和药理功能的保健饮品。如今，茶的地位已经位于风行世界的三大软饮料之首，成为最受普通百姓欢迎的饮品。

三、茶的传播

（一）茶在我国国内的传播

我国西南的云贵高原一带是世界上最早发现野生大茶树和现存野生大茶树最多、最集中的地区，被誉为"茶的原产地"。这一带属热带和亚热带气候，生长着大片的原始森林，气候温暖、湿润，非常适宜茶树的生长。至今在云南仍生长着许多参天的野生大茶树。

茶叶从我国西南云贵高原一带的原产地，随着江河交通流入四川——古巴蜀国地区，并很快发展起来。巴蜀地区是我国饮用茶叶最早的产茶地区。在秦统一中国前，巴蜀是我国茶叶生产的重要中心。

秦统一中国后，茶随着巴蜀与各地的经济文化交流的加强，由西向东、从南向北逐渐传播。到西汉时期，茶已经传到了湖南、湖北、江西等毗邻地区。魏晋时期，随着茶叶和茶文化在全国的传播和扩散，加之自身在地理位置上的有利条件，华中地区在中国茶文化传播上的地位逐渐取代巴蜀地区。唐代中期以后，长江中下游茶区不仅茶叶产量大幅提高，而且制茶技术也达到了当时的最高水平。从唐代陆羽所著的《茶经》及其他文献记载来看，此时的茶区已经遍及中国南方，几乎达到了与现今我国长江以南茶区大致相当的局面。

从宋代初年起，我国南部的茶产业发展异常迅速，并逐渐取代长江中下游茶区而成为宋代茶产业的重心，这是因为南方气候温暖湿润，更加适合茶叶的生长，闽南和岭南茶区就是在此时崛起的。到宋代中后期，茶已经传播到全国各地，宋代的茶区已经基本上与现今茶区范围相符。明朝散茶以绿茶为主，同时在叶茶、芽茶方面全面发展，各地名茶如雨后春笋般出现。清代茶树栽培、茶叶加工技术更为完善，茶区面积扩大，产量提高，传统意义上的六大茶类全面形成。清代宫廷茶宴盛极一时，民间茶艺馆、茶庄、茶园林立。同时茶叶加工制作技术也得到重大发展，炒青（见图1-4）是绿茶制作的重要工艺之一。

图1-4 炒青

（二）茶叶的外传

当今世界，除中国外，有160多个国家、30亿左右的人口饮用茶饮料，有50多个国家种植茶叶。这些国家的茶树、茶叶及制作技术、品饮方式都是由我国直接、间接传入的。

茶叶东传日本有可能始于汉代，但有确切的文献记载还是在唐代。公元729年，日本圣武天皇曾经召集百僧，讲经赐茶，并派遣高僧来中国学习佛经。宋乾道四年（1168年）、宋淳熙十四年（1187年），荣西和尚两次来华留学，回国时带去很多茶籽，并广为种植，使种茶成为日本农民的副业。他还以自己的体验和知识用汉字撰写了两卷《吃茶养生记》，大力提倡喝茶，被誉为"日本的陆羽"。从此，日本种茶、喝茶日益普及，至今长盛不衰。

宋元期间，陶瓷和茶叶成为我国对外贸易的主要出口商品。意大利旅行家马可·波罗（Marco Polo）来华，撰写了《马可·波罗游记》，书中记述了中国饮茶的见闻，使欧洲人知道了茶。明代，西欧各国的商人先后东来，从中国转运茶叶并在本国上层社会加以推广。荷兰东印度公司于明万历三十五年（1607年）来我国贩卖茶叶至欧洲，这是我国茶叶销往欧洲的最早记录。由于荷兰人的宣传和影响，饮茶之风迅速波及英法等国。英国还将茶叶转运美洲殖民地，以后又运销到德国、法国、瑞典、丹麦、西班牙、匈牙利等国。

茶叶也在17世纪初北传俄国，1618年，中国的使者带了几箱茶叶到俄国赠送给沙皇，以后饮茶在俄国流行起来，茶叶成为中俄贸易中的主要商品之一。对外贸易中陶瓷产品上反映中外茶叶贸易的外销画（见图1-5）也成为外销瓷上的重要图案内容。

图 1-5 反映中外茶叶贸易的外销画

印度在 1780 年首次引种中国茶籽。斯里兰卡在 1814 年因咖啡遭受虫灾才开始引种中国茶树。

20 世纪 60 年代，应非洲国家的要求，我国多次派出茶叶专家去西非的几内亚、马里、西北非的摩洛哥等国指导种茶，非洲才开始有了真正的茶叶栽培。

由此可知，我国茶叶的传播几乎遍及全球，世界各国的茶业都与我国有着直接或间接的联系。

任务二 茶艺的概念及特点

茶艺概述

一、茶艺的定义

当前我国茶文化界对茶艺的理解主要有广义和狭义两种。广义的理解将茶艺视为"茶之艺"，主张茶艺包括茶的种植、制造、品饮之艺，甚至扩大到整个茶学领域。狭义的理解是将茶艺视为"饮茶之艺"，将茶艺限制在品饮及品饮前的备器、择水、取火、候汤、习茶的范围内，因而种茶、采茶、制茶不在茶艺之列。

茶艺包括茶叶品评技法和艺术操作手段以及对品茗美好环境营造的整个过程。其过程体现形式和精神的统一。就形式而言，茶艺包括：选茗、择水、烹茶技术、茶具艺术、环境的选择营造等一系列内容。总之，茶艺是形式和精神的完美结合，其中包含着美学观点和人的精神寄托。在茶艺当中，既包含着中国古代朴素的辩证唯物主义思想，又包含着人们主观的审美情趣和精神寄托。

茶艺技巧包括泡茶和饮茶的技巧。这里所说的泡茶技巧，实际上包括茶叶的识别、茶具的选择、泡茶用水的选择等。茶艺的技术是指茶艺的技巧和工艺，包括茶艺表演（见图 1-6）的程序、动作要领、讲解的内容，以及茶叶色、香、味、形的欣赏。茶艺属于生活美学、休闲美学的领域，包括环境的美、水质的美、茶叶的美、茶器的美、泡茶者的艺术之美。

图 1-6　茶艺表演

广义的茶艺指茶叶生产、经营、品饮全过程涉及的技术。这一界定，其范畴几乎与"茶学"同等，即研究茶的科学和技术。一般认为，茶学是研究茶叶生产、茶叶贸易、茶的功能与利用以及茶的饮品、消费的综合性学科，而茶文化和茶艺是茶学领域的一部分。将茶艺等同于茶学，容易引起人们对茶学的误解，不利于茶学学科的发展。

二、茶艺的具体内容

茶艺的具体内容包括基本知识、技艺、礼法、规范和道五个部分，其中，技艺、礼法和规范属于形式部分，道属于精神部分。

（一）茶叶的基本知识

学习茶艺，首先要了解和掌握茶叶的分类、主要名茶的品质特点和制作工艺以及茶叶的鉴别、贮藏、选购等内容。这是学习茶艺的基础。

（二）茶艺的技艺

这是指茶艺的技巧和工艺，包括茶艺表演的程序、动作要领、讲解的内容，茶叶色、香、味、形的欣赏，茶具的欣赏与收藏等内容。这是茶艺的核心部分。

（三）茶艺的礼法

这是指服务过程中的礼貌和礼节，包括服务过程中的仪容仪表、迎来送往、互相交流和彼此沟通的要求与技巧等内容。

（四）茶艺的规范

茶艺要真正体现出茶人之间平等互敬的精神，因此对宾客都有规范的要求。作为客人，要以茶人的精神与品质去要求自己，投入地去品赏茶。作为服务者，也要符合待客之道，尤其是茶艺馆，其服务是否规范是决定服务质量和服务水平的一个重要因素。

（五）悟道

道是指一种修行，一种生活的道路和方向，是人生的哲学。悟道是茶艺的最高境界，是通过泡茶与品茶去感悟生活、感悟人生、探寻生命的意义。

三、茶艺的特点

茶艺的最高境界是人与景、人与物、人与天地、人与大自然的形神结合，达到人、境、物、情、景的交融和统一。

从内涵上看，中国茶艺讲究文质并重，尤重意境；从形式上看，流派众多，不拘一格；从审美上看，强调道法自然，崇尚静俭；从目的上看，修身养性，追求怡真。笔者比较赞同林治先生对中国茶艺特点的总结。

（一）文质并重，尤重意境

文质并重是中国茶艺的主要特点。所谓文质，在《论语·雍也》中有："质胜文则野，文胜质则史，文质彬彬，然后君子。"其中"质"是指人的内在的道德品质，"文"指的是人的文饰。文质相统一，也就是人的内在品质和外表一致，才能成为君子。在茶艺中，文质统一，达到一定的高度，才会意境深远，有韵味。但在当前的茶艺界有文过于质的现象，所以，提高艺茶者的内外修养是极其重要的。

（二）流派众多，不拘一格

从茶艺的分类中不难看出，自古以来我国茶艺的表现形式就丰富而多样。除上文中提到的茶艺形式外，其具体小类中又有细分，在不同的地域中同一类茶艺又有不同的表现形式。比如，乌龙茶茶艺就有闽北、闽南、广东、台湾四大流派，其中台湾流派中又有小壶泡法、盖杯泡法、同心杯泡法等不同的表现形式。而小壶泡法又可细分为"吃茶流""妙香式""三才式"等不同的流派。再加上乌龙茶茶艺在祖国各地的茶艺馆中"生根开花"，与当地饮茶风俗相结合，其具体的演绎方式又有不同。因此，各种不同的茶艺流派之间应该互相学习，互相借鉴，取长补短，共同发展。

（三）强调道法自然，崇尚静俭

老子《道德经》中提到："人法地，地法天，天法道，道法自然。"道法自然是中国茶艺表现形式追求的核心。这要求艺茶者从精神上追求自由心为自己的主宰，不为外物所役，力求道法自然，合乎大道，做到物我两忘，达到精神的自由和美状态。在艺茶时动作如行云流水，静若松柏，身段表情自然真诚，毫无做作虚假之意，一切都契合自然大道。

（四）修身养性，追求怡真

在整个艺茶的过程中，中国茶艺特别强调内省，问心求悟，主张用心细细体味茶事活动中一切的和美与艺茶心境的提升，在艺茶的动静之中品味茶性、壶性、水性、心性等等，体验茶韵（见图1-7）之美，悟证中华茶文化的茶道精神。随着时代的发展以及文化事业的推进，中国茶艺定会向着自然、和美的方向发展，一定会给人带来更多美的享受。

图 1-7 茶 韵

任务三 茶艺的历史源流

中国是世界茶叶的祖国，这从我国在很多地方发现野生大茶树可以得到进一步证明。对于茶叶的利用起源说法不一，有的人认为茶叶始于药用，也有人认为茶叶最初是食用。还有一种观点认为茶叶最初是食用和药用同时进行。有人认为，茶由祭品而菜食，而药用，直至成为饮料。还有人认为，茶可能是作为口嚼食品，也可能作为烤煮的食物，同时也逐渐为药料饮用。

我国的饮茶起源和茶业初兴的地方是在古代巴蜀地区。4 世纪末以前由于对茶叶的崇拜，巴蜀已出现以茶命人名、以茶命地名的情况，可以说我国的巴蜀地区是人类饮茶、种茶最早的地方。

大体上，中国的饮茶历史已逾两千年。中国古代的饮茶历史大致可划分为四个时期，第一是汉魏六朝，第二是隋唐，第三是宋代，第四是明清。各个时期的饮茶程序、方法各有特点。古代绘画中就有不少反映人们饮茶场景的饮茶图（见图 1-8）。

图 1-8 饮茶图

一、汉魏六朝茶艺

到了汉代，茶作为药物、食品和饮料逐渐被人们重视。成都一带成为我国重要的茶叶消费中心和集散中心，成都以西的崇庆、大邑、邛崃、天全、名山、雅安、荥经等地已成为茶叶的重要产区。西汉辞赋家王褒的《僮约》是反映我国古代茶业的最早记载，其中"烹茶净具""武阳买茶"两句（见图1-9），反映了当时饮茶已与人们生活密切相关，且富人饮茶还会用专门的茶具。

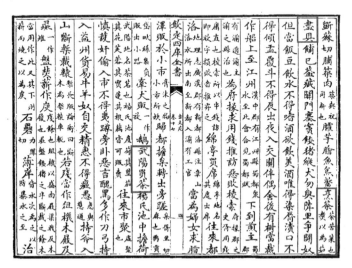

图1-9 王褒《僮约》中关于茶的记载

西晋时，以茶待客已成为寻常人家约定俗成的待客之道。此时，上层贵族社会奢靡成风，而饮茶成了对抗这种奢侈挥霍之风、标榜俭朴的标志。《晋中兴书》记载，陆纳准备用茶果招待卫将军，以示俭朴，而其侄子陆俶却摆出珍馐美味出来，反而损害了他的名誉，客人走后，陆纳很气愤，责备陆俶"汝既不能光益叔父，奈何秽吾素业"，并打了侄子四十大板。

越来越多的人认识到饮茶的功效，文人们以茶助兴，坐而论道，进而逐渐衍生出茶与道教养生、茶与祭祀的思想等方面。《荈赋》是西晋杜育的一部专门吟咏茶事的文学作品，文中细致地描述了茶农采茶、茶叶生长、煮茶器具和饮茶感受等，文中描绘茶汤，汤华浮泛，像白雪般明亮，如春花般灿烂，体现了当时非常完整的品茗艺术要素。

在汉魏六朝时期，茶开始作为礼仪交往的载体，进而转变为人们精神的载体，茶文化开始逐渐形成。

二、隋唐茶艺

唐代，高度发达的政治和经济进一步促进了我国茶文化的形成和发展。唐代采取严格的科举制度，考试严格且时间长，当时科举考试的主要科目是作诗，因此，吟诗与写诗在文人士子中蔚然成风，茶的清思提神功能正好符合诗人激发文思、提神助兴的需要，所以饮茶之风在学子墨客当中传播更快，诗人们游历山水，品茶作诗，卢仝写"三碗搜枯肠，唯有文字五千卷"，便是对茶叶提神醒脑清思绪最直接的写照。在朝廷的提倡下，饮茶之风传播得更快，加之文人雅士的偏爱，茶与文学艺术、山水自然联系起来，茶的艺术化成为必然。

在社会饮茶风气的影响下，唐朝宫廷饮茶数量也日益增加，加之唐朝种植业发展的促使，饮茶之风从宫廷、士人阶层普及社会各阶层。

唐代中期，统治者在常州义兴和湖州长兴交接之地设立了贡焙院，专门用于生产宫廷用茶，极大地带动了茶叶生产技术的发展，此地生产的顾渚紫笋也成为统治者的专用茶。贡茶制度的兴起，促进了茶叶生产质量的提高，名茶不断出现。据资料统计，唐代名茶有150多种。

由于饮茶习俗的形成，茶叶生产和消费的发展，社会对茶叶需求量增加，有力地带动了茶叶贸易的发展，茶叶开始在市场上流通，南方茶区的茶市、茶埠等水陆码头迅速发展起来。白居易《琵琶行》中所说的"老大嫁作商人妇，商人重利轻别离；前月浮梁买茶去，去来江口守空船"，表明当时的茶叶交易已经比较发达，浮梁正是一个茶叶交易的场所。

隋朝以前，茶的生产和饮用主要在南方，北方饮者还不多，至唐代中期后，中原和西北少数民族地区都嗜茶成俗。《膳夫经手录》云："今关西、山东、闾阎村落皆吃之，累日不食犹得，不得一日无茶。"正因为少数民族对茶叶的这种需求，统治者开始以茶易马，不仅改善了边疆少数民族的生活，而且极大地有利于民族的团结，这就是历史上著名的茶马交易。

总而言之，在唐代茶文化才真正形成，唐朝是茶文化历史变迁的一个划时代的时期，公元780年左右，陆羽撰写《茶经》（见图1-10）三卷，成为中国乃至世界第一部茶叶专著，使"天下益知饮茶"，大大地推动了茶文化的传播。

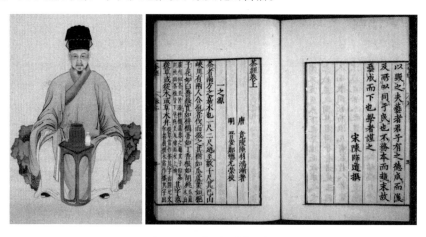

图1-10 陆羽与《茶经》

《茶经》一书从茶的起源、加工茶叶的工具、茶叶制作的过程、饮茶的器具、烹茶技艺、鉴赏的方法及当时产茶盛地等方面进行了阐述，重要的是在《茶经》里饮茶首次被当作一种艺术过程来看待，创造了从烤茶、选水、煮茗、列具、品饮成一体系的中国茶艺，并强调饮茶的意境。此外，还把儒、道、佛的思想文化与饮茶过程融为一体，使茶文化上升到精神的高度。

三、宋代茶艺

"茶兴于唐而盛于宋"，宋代的茶叶生产空前发展，饮茶之风盛行，特别是上层社会嗜茶成风，王公贵族经常举行茶宴，皇帝也常在得到贡茶之后举行茶宴招待群臣，以示恩宠。茶已成为民众日常生活中的必需品。《梦粱录》记载："盖人家每日不可阙者，柴米油盐酱醋茶。"

宋代的茶树栽培区域进一步扩大，茶叶生产发展较快，到了南宋，产茶区已由唐代的43个州扩展到66个州共242个县。制茶技术也更加讲究，精益求精，如龙凤团饼茶的制作技术就非常复杂，据宋代赵汝砺《北苑别录》记载就有蒸茶、榨茶、研茶、造茶、过黄、烘茶等几道工序。除团饼茶（片茶）外，当时还有散茶生产。散茶即茶叶蒸青后不再研磨压模，而是直接烘干呈松散状态。到了宋代后期，散茶日益得到发展，有逐渐取代饼茶之势。

为了评比茶质的优劣和点茶技艺的高低，宋代盛行"斗茶"（见图1-11）。"斗茶"所用的茶叶为饼茶。唐代饮茶方式是将饼茶碾碎成末放进锅里烹煮，宋代则变为将研细后的茶末放在茶碗中，注入沸水，把茶末调匀，然后徐徐注入沸水，以茶筅击拂，使茶汤泡沫均匀。从茶汤、泡沫的颜色，以及茶叶的香气和滋味来评比高低，决定输赢。斗茶促进了当时制茶技术的进一步提高和品饮方式的日益完善。

图1-11 斗 茶

宋代饮茶风气的兴盛还反映在都市里的茶艺馆文化非常发达。《梦粱录》记述杭州的茶肆："插四时花，挂名人画，装点店面。四时卖奇茶异汤，冬月卖七宝擂茶、子、葱茶……今之茶肆，列花架，安顿奇松异桧等物于其上，装饰店面，敲打响盏歌卖，止用瓷盏漆托供卖。"可见，宋代城市里的茶艺馆，环境布置幽雅，茶具精美，茶叶品类众多，乐曲声悠扬，已具有浓厚的文化氛围，不但劳动人民喜欢上茶艺馆，就是知识分子也爱在茶艺馆品茶会友、吟诗作画。

宋代的诗人嗜茶、咏茶的也特别多。几乎所有的诗人都写过咏茶的诗歌。著名的诗人欧阳修、梅尧臣、苏轼、范仲淹、黄庭坚、陆游、杨万里、朱熹等都写了许多脍炙人口的咏茶诗歌。有名的如欧阳修的《双井茶》诗：

西江水清江石老，石上生茶如凤爪。穷腊不寒春气早，双井茅生先百草。
白毛囊以红碧纱，十斤茶养一两芽。长安富贵五侯家，一啜尤须三月夸。

四、明清茶艺

明代，明太祖朱元璋认为团饼茶太"重劳民力"，下令"罢造龙团"，改造芽茶，这一改革促进了芽茶和叶茶的蓬勃发展。在绿茶生产方式上，除了改进蒸青技术，还产生了炒青技术。明清时期，散茶、叶茶得到发展的同时，其他茶类也得到全面发展。除绿茶外，黑茶、花茶、青茶和红茶等也相继出现。乌龙茶大约在明中期就已出现于武夷山，后来传播至闽南、潮汕及台湾等地。红茶也是起于明而盛于清的，最早在福建崇安一带，开始生产的是小种红茶，后演变为工夫红茶，其生产技术还传播到安徽、江西各地。明清时期形成了我国茶叶种类的基本结构，从而"开千古茗饮之风"。

图 1-12　冲泡法

在泡茶方式上，明代开始了用沸水直接冲泡散茶的饮茶法。冲泡法（见图 1-12）冲饮方便，摆脱了以前的烦琐程序，也使茶文化的发展趋向自然与简约，从此茶文化真正融于社会生活当中。明代在茶饮方面的最大成就是"工夫茶艺"的完善，工夫茶在明代形成于江浙一带，之后扩展到闽、粤等地，在清代转移到闽南、潮汕一带，至今以"潮汕工夫茶"享有盛誉。工夫茶艺是适应叶茶撮泡的需要，经过文人雅士的加工提炼而成的品茶技艺。

在这一时期，许多文人雅士都参与品茶论道，并追求品饮环境的艺术性。当时文人们对品饮环境要求或于清静的山林、简朴的柴房，或泉石之间，清溪、松涛、皓月、清风为伴，讲究环境的自然、清幽。明晚期，由于茶类的增多，泡茶方式的不同，文士对品饮之境又有了新的突破，讲究"至精至美"之境。

品饮方式的艺术性还体现在茶美水美，追求"采茶欲精，藏茶欲燥，烹茶欲洁"，注重饮茶使用的器具，主张用天然的石、瓷、竹等。到了明晚期，茶具的款式、质地、花纹千姿百态，白瓷、青花瓷、彩瓷、紫砂茶具相继兴起。

明代不少文人雅士留有传世之作，这些著作论述了茶的产地、采摘、品种、冲泡技巧、品茗环境、品茗人物，其共同点是讲究自然、简朴，追求茶之真味，而且把文人雅士引入茶事当中，将品茗与歌舞、书画、弈棋、作诗结合起来，拓展了茶文化的范围。

在清代，茶的品饮从艺术化走向了日常生活中，人们对于品饮方式的需求不再那么讲究，茶文化更加深入民间，融于百姓生活当中。

五、近代茶艺

近代茶艺从清朝康熙中期（约 1689 年）起，至中华人民共和国成立前止。这个时期的茶文化特色之一是朝廷酷爱茗茶。清朝建立后，对汉文化甚为留意，茗饮也是汉文化的一环，清代君主多有好者。由于上位者所好，因此特色之二是民间社会亦盛行茶礼俗，茶艺馆兴隆，遍及各地。特色之三是茶叶贸易鼎盛，茶叶传入英国后，各阶层都形成了饮茶的习惯，英国本身并不产茶，只好向中国购买。19世纪初期，中国输出品中已有六成是茶叶。同时，半发酵茶在此时崛起。半发酵茶的出现使茶叶种类逐渐增多、丰富，并将中国饮茶文化从旧式制茶所不能展示的色香味中带入另一个新的境界。近代茶与明代茶最大的差异是制茶的发酵方法，近代茶分绿茶与红茶，绿茶和明代制法完全相同，但红茶则有相当程度的发展。

近代饮茶方式主要有三种：第一种是盖碗式，乃近代饮茶最主要的方式，上至朝廷、官府，下至民间，都以盖碗饮茶，清朝康熙年间画家冷枚的《赏月图》，最足以代表这种茗饮方式；第二种是茶娘式，自古以来民间最主要的饮茶方式，即以大茶壶冲泡分饮，乾隆年间画家丁观鹏所绘的《太平春市图》（见图1-13）最能表示此种饮茶方式；第三种饮茶法则是工夫茶法，主要流行于闽南广东地区。这种饮茶法是从唐代陆羽《茶经》中演变而来，饮茶时先将泉水储藏于茶壶之中，放置于烘炉上面煮水，等到水初沸，把武夷岩茶投入宜兴壶之中，用水冲之，盖好盖子，再用热水浇壶身，然后倒出来品饮。

图1-13　清代·丁观鹏《太平春市图》（局部）

六、现代茶艺

饮茶对于人类，不仅是一种解渴生津的生理需要，而且能够满足人体健康的需求。随着科技的进步、人们生活水平的提高以及生活节奏的加快，传统的饮茶方式正在发生变化，茶叶消费已开始向多样化和有益健康的方向发展，袋泡茶、速溶茶、罐装茶等茶饮料取得了迅速发展。

进入21世纪，随着物质生活和文化生活的改善，茶文化再现蓬勃发展的态势。其主要表现如下：第一，每年各地都举办规模不等的茶文化节和国际茶文化节，如武夷岩茶节、普洱茶国际研讨会、法门寺国际茶会等；第二，装饰雅致、格调高雅、文化氛围浓厚的茶艺馆如雨后春笋般地在各大中城市涌现，连不产茶的黄土高原和塞北边境都办起很多茶艺馆，成为向广大群众普及茶文化的前哨阵地；第三，一些专业人员对汉族和各少数民族的饮茶习俗进行发掘整理，推出众多的茶艺表演节目，使茶文化舞台上呈现百花齐放的繁盛局面，长壶茶艺（见图1-14）就是其中一种；第四，一些学者对茶文化进行系统、深入的理论研究，出版了上千部茶文化专著，使茶文化活动具有较高的文化品位和坚实的理论基础。

图 1-14　长壶茶艺

任务四　茶艺的分类及构成要素

一、茶艺的分类

（一）以茶艺表现形式分类

以茶艺表现形式分类，茶艺可分为表演型茶艺、待客型茶艺、营销型茶艺、养生型茶艺四大类。

1. 表演型茶艺

表演型茶艺（见图1-15）是指由一个或几个茶艺师在舞台上演示泡茶技巧，众多的人在台下欣赏。从严格意义上说，因为在台下的观众并没有能真正参与到茶事活动中去，并且他们当中只有少数几位嘉宾或许有机会品到茶，其余的人都无法鉴赏到茶的色香味韵，所以表演型茶艺称不上是完整的茶艺。但是，这种茶艺适用于大型聚会、节庆活动、影视网络宣传，并且可以借助舞台美学手段来提升茶艺的观赏价值，所以在普及茶文化、推广泡茶技艺等方面，这类茶艺具有独特的优势。过去我国各地组织的茶艺大赛几乎是舞台表演型茶艺一统天下。

图 1-15　表演型茶艺

表演型茶艺重在观赏价值，所以应当源于生活，高于生活。它要求茶艺师像演员一样进入角色，动作和表情应根据茶艺内容的需要适度夸张一些，服装可以艳丽一些，妆容可以适当浓一些，灯光和布景也应当根据表演的需要进行设置。

2. 待客型茶艺

待客型茶艺（见图 1-16）是指由一名主泡茶艺师与几位客人围桌而坐，一同赏茶、鉴水、闻香、品茗。在场的每一个人都是茶事活动的直接参与者，而非旁观者，每一个人都参加了茶艺美的创作，都能充分领略到茶的色香味韵，也都可以自由地交流情感、切磋茶艺，以及探讨茶道精神和人生奥义。

图 1-16　待客型茶艺

待客型茶艺不仅是现代茶艺馆中最常用的茶艺，而且适用于政府机关、企事业单位以及普通家庭。修习这类茶艺时，切忌带上表演型的色彩。讲话、动作不可矫揉造作，服饰、化妆不宜过分浓艳，表情最忌夸张，一定要像主人接待亲朋好友一样亲切自然。这类茶艺一般要求茶艺师边泡茶边讲解，客人也可以随意发问、插话，所以要求茶艺师要有较强的语言表达能力、与客人沟通的能力，以及随机应变的能力，同时，还必须具备比较丰富的相关知识。

3. 营销型茶艺

营销型茶艺是指通过茶艺来促销茶叶、茶具、茶文化。营销型茶艺是最受茶庄、茶厂、茶艺馆欢迎的一种茶艺。它在选择冲泡器皿时，一般选用审评杯具，以便最直观地向客人展示并讲解茶的特性。在泡茶过程中，茶艺师一般不用一整套格式化的程序泡茶讲茶，而是注重在充分展示茶叶内质的同时，巧妙地讲解茶的商品魅力，以激发客人的购买欲望，最终达到促销的目的。

营销型茶艺要求茶艺师自信、诚恳，并具备丰富的茶叶商品学、市场学、消费心理学知识和娴熟的茶叶营销技巧。

4. 养生型茶艺

养生型茶艺包括传统养生型茶艺和现代养生型茶艺。传统养生型茶艺是指在深刻理解中国茶道的基础上，结合中国传统养生的基本功法，如调身、调心、调息、打坐、入静、导引等，使人们在习练这种茶艺时以茶养身，以道养心，并持之以恒，最终达到修身养性、延年益寿的目的。现代养生型茶艺主要是指根据不同花草的性味特点，调制出适合个人的养生保健茶。随着人们对茶艺保健功能研究的日益深入，以及随着人们对健康要求的日益强烈，这类茶艺一定会受到越来越多茶人的欢迎。

（二）以茶艺表现的主题内容分类

以茶艺表现的主题内容分类，茶艺可分为宫廷茶艺、文士茶艺、民俗茶艺、宗教茶艺、国外茶艺以及现代创新茶艺六类。

1. 宫廷茶艺

宫廷茶艺是我国古代帝王敬神、祭祖、日常起居或赐宴群臣时举行的茶艺活动。唐代的清明茶宴、宋代皇帝视学赐茶、清代的千叟茶宴等均可视为宫廷茶艺。宫廷茶艺的特点是场面宏大、礼仪烦琐、气氛庄严、茶具奢华、等级森严，并且带有政治教化和政治导向等色彩。

2. 文士茶艺

文士茶艺是历代儒士在品茗斗茶的基础上发展起来的茶艺。其特点是文化气息浓郁，品茗时注重意境，茶具精巧典雅，表现形式多样，气氛轻松活泼，常和清谈、赏花、读月、抚琴、吟诗、联句、玩石、鉴赏古董字画等相结合。文士茶艺常以"清"为美，才子们或品茗论道，示忧国忧民之清尚；或以六艺助茶，添茶艺之清新；或以茶讽世喻理，显儒士之清傲；或以诗茶会友，表文人脱俗之清谊。总之，文士茶艺深得中国茶道怡情悦性之真趣。明代仇英《赵孟頫写经换茶图》（局部）（见图 1-17）即反应了时代文士茶艺的特征。

图 1-17　明代仇英《赵孟頫写经换茶图》（局部）

3. 民俗茶艺

我国是一个有 56 个民族的大家庭，各民族对茶虽有共同的爱好，但各有不同的饮茶习俗。就是汉族内部，也可谓千里不同风，百里不同俗。在长期的茶事实践中，不少地方的老百姓创造出了具有独特风格的民俗茶艺。民俗茶艺的特点是表现形式多姿多彩，清饮调饮不拘一格，并且常与民族音乐、民族服装、民族歌舞、地方特色小吃相结合，具有极广泛的群众基础。

三道茶是云南白族款待客人时的一种饮茶方式，以其独特的"头苦二甜三回味"的茶道闻名于世。制作三道茶时，每道茶的做法和所用材料都是不一样的。

第一道茶，称为"清苦之茶"（见图 1-18），寓意做人的哲理：要立业，先要吃苦。制作时，先将水烧开。再由司茶者将一只小砂罐放在文火上烘烤。待罐烤热后，立即将适量茶叶放入罐内，并不停地转动砂罐，使茶叶受热均匀，待罐内茶叶"啪啪"作响，叶色转黄，发出焦糖香时，马上注入已经烧沸的开水。稍后，主人将沸腾的茶水倾入茶盅，再用双手举盅献给宾客。

图 1-18　第一道"清苦之茶"

第二道茶，称为"甜茶"。当客人喝完第一道茶后，主人再次用小砂罐置茶、烤茶、煮茶。制作甜茶要先备料（见图 1-19），在每一个待用的杯子中放入红糖、乳扇丝、炒熟的白芝麻和核桃仁等，再将重新冲好的烤茶注入其中。

图 1-19　第二道"甜茶"（备料）

第三道茶，称为"回味茶"（见图1-20）。这道茶要先将蜂蜜、花椒、姜片、桂皮末掺入水中煮沸，之后再以此茶底冲入烘焙好的茶叶中搅拌均匀，即可饮用。

图 1-20　第三道"回味茶"

4. 宗教茶艺

我国目前流传较广的宗教茶艺有禅茶、礼佛茶、观音茶、太极茶、道家养生茶等。宗教茶艺的特点是特别讲究礼仪，气氛庄严肃穆，茶具古朴典雅，强调修身养性或以茶示道。

5. 国外茶艺

国外茶艺是指茶文化复兴以来引进的国外饮茶法，例如英式下午茶、印度拉茶、新加坡肉骨头茶、美国冰红茶，以及韩国茶礼、日本茶道等。

6. 现代创新茶艺

茶文化复兴以来，我国传统的饮茶方式不断融入现代元素，创编出不少深受广大群众特别是青少年欢迎的茶艺，如浪漫音乐红茶茶艺、十二星座茶艺、时尚花草花果茶艺、现代美容保健茶艺等。

二、茶艺的构成要素

茶艺的分类多种多样，表演形式变化万千。总的来说，茶艺由六要素组成，即茶叶、择水、备具、环境、技艺、品饮，简称"茶艺六要素"。

（一）茶叶

茶叶是茶艺的第一要素，只有选好茶叶后才能选择泡茶之水、茶具，才能确定冲泡的方式和品饮的要领。不同的时代，制茶、泡茶方法均不同，故判断茶叶品质的标准也有差异。最早提到茶叶选择标准的是唐代陆羽的《茶经·一之源》："野者上，园者次；阳崖阴林，紫者上，绿者次；笋者上，牙者次；叶卷上，叶舒次。"陆羽认为，野生的茶叶比园中人工栽培的茶叶要好，生长在向阳阴林中的茶叶紫色的比绿色的要好，呈笋状的茶芽尖比普通的茶芽要好，叶子卷的比叶子张开的要好。宋代蔡襄在《茶录》中也提出了择茶的标准："色，茶色贵白""香，茶有真香""味，茶味主于甘滑"。他第一次将色、香、味作为评判茶叶品质优劣的标准。而宋徽宗则将味摆在首位，他在《大观茶论》中说："味，夫茶以为上。香甘重滑为味之全""香，茶有真香，非龙麝可拟……色点茶之色，以纯白为上，青白为次，灰白次之，黄白又次之。"明代盛行散茶冲泡，与今相同。明代张源在《茶录》中主张："香，茶有真香，有兰香，有清香，有纯香""色，茶以青翠为胜""味，味以甘润为上"。到清代，六大茶类均已产生，绿茶、黄茶、青茶、红茶、白茶、黑茶等品种齐全，品质优异，风味独特，各具风韵，各地饮茶方式呈多样化。例如，北方地区的人们喜爱茉莉花茶、绿茶，长江流域的人们喜爱绿茶，闽粤地区的人们偏爱乌龙茶，云南和四川地区的人们喜爱黑茶、红茶和绿茶，西北地区少数民族则喜爱砖茶，全国各地饮茶方式百花齐放。

（二）择水

茶叶是饮品，它的香气、口感、色泽的好坏，必须通过用水冲泡或煮煎来品尝鉴定，因此水对于茶是非常重要的。好茶需用佳水泡，水对于茶有催化作用，而水的优劣很大程度上决定茶汤的优劣。

最早论及煎茶用水的是陆羽。在《茶经·七之饮》中，陆羽把择水列为茶的"九难"之一，并在《茶经·五之煮》中对水做出概括道："其水，用山水上，江水中，井水下。"即煮茶用水以山水为佳品，江水次之，井水最差。明代张大复认为水的重要性大于茶，"八分"的茶遇到上等水易可泡出"十分"的好茶，反之不然。天下第一泉——中泠泉（见图1-21）。

图 1-21　天下第一泉——中泠泉

（三）备具

茶具，又称茶器、茗器，是茶文化的重要组成部分。

随着饮茶之风的兴盛以及各个时代饮茶风俗的演变，茶具的品种越来越多，质地越来越精美。

宋代茶具讲究法度，形制越来越精。如饮茶多用茶盏，有黑釉、青釉、青白釉、白釉、酱釉5种茶盏，"把盏啜茗"已成为当时人们宴席的内容之一。宋代建窑生产的"绀黑盏"（见图1-22），质地比其他地区产品厚，捧在手中有"久热难冷"的好处，因此被看作宋代茶盏中的上品。

图 1-22　建窑"绀黑盏"

从明代至今，人们使用的茶具品种基本上无多大变化，仅仅在茶具式样或质地上有所变化，最突出的特点是出现了紫砂茶壶。

清代的茶盏、茶壶通常以陶或瓷制作，以康熙乾隆时期最为繁荣，以"景瓷宜陶"最为出色。清时的茶盏，以康熙、雍正、乾隆时盛行的盖碗最负盛名。清代瓷茶具精品多由江西景德镇生产，其时，除继续生产青花瓷、素三彩、五彩瓷茶具外，还创制了白瓷茶具及粉彩、珐琅彩茶具。景德镇创烧的白瓷茶具质地坚硬，吸水性低，易沏出茶的色、香、味来，以"白如玉，声如磬，薄如纸，明如镜"著称。江苏宜兴紫砂陶茶具是采用当地特有的一种稀有、神奇的紫砂泥料焙烧而成，其造型优雅，色调古朴，简练大方，集书画、雕塑艺术于一体，兼具实用价值与欣赏价值，是我国茶具中的瑰宝。

现代，玻璃器皿有了较大发展，茶具不断推陈出新，呈现细化、新颖、多元等特点，形成独特的茶具艺术。

（四）环境

品茗环境自古以来要求宁静、高雅，可以选竹林野外，也可以选寺院、书斋或陋室。总体来说，品茗环境分为野外环境、室内环境和人文环境三类。野外环境追求的是天人合一的哲学思想，追求人与自然的和谐，借景抒情，寄情于山水间，试图远离尘世，淡忘功利，净化心灵；室内环境更适合文人雅客，可以根据自己喜好布置成书斋式或茶艺馆、茶亭式，在宋代市井中就出现了很多集曲、艺于一体的茶艺馆，客人可以一边饮茶一边欣赏窗外美景和室内戏曲，达到放松休闲的目的；人文环境多注重好友相聚，品茗论道，写诗、作画、赏景，达到沟通心灵、联系友谊、启迪智慧的目的。当今生活中，人们可以不拘泥于形式，选择青山绿水、鸟语花香的春暖时节与家人好友一边品茗一边叙谈吟诗，尽情享受高雅的生活艺术。

（五）技艺

冲泡的技艺直接影响茶的色、香、味，是品茗艺术的关键环节。泡茶的技艺，主要看煮水和冲泡。唐代陆羽认为："其沸，如鱼目微有声为一沸。边缘如涌泉连珠为二沸。腾波鼓浪为三沸。已上水老，不可食也。"这是符合唐代煮茶的水的要求的。煮水还应当用燃烧出火焰而无烟的炭火，其温度高，烧水最好。古人对水温很重视，如果水温太低，茶叶中的有效成分就不能及时浸出，滋味淡薄，汤色不美；如果水温太高，水中的 CO_2 散尽，会减弱茶汤的鲜爽度，汤色不明亮，滋味不醇厚。这些都与现代科学研究的结果相符。一般来说，红茶、绿茶、花茶，可用 85～90℃的开水冲泡；如果是高级名优绿茶，则用 80℃的开水冲泡；如果是乌龙茶，则用 100℃的开水冲泡为宜。一般茶叶与水的比例是 1 : 50。

（六）品饮

品尝茶汤滋味是茶艺过程中的主要环节，是判断茶叶优劣的关键因素。品茗重在对意境的追求，可视为艺术欣赏活动，要细细品啜，徐徐体察，从茶汤美妙的色、香、味得到审美愉悦，引发联想，抒发感情，慰藉心灵。一般而言，品茗分为观色、闻香、品味三个过程。观色，主要观看茶汤的颜色和茶叶的形态。绿茶有浅绿、嫩绿、翠绿、杏绿、黄绿之分，以嫩绿、翠绿为上；红茶有红艳、红亮、深红之分，以红艳为好；黄茶有杏黄、橙黄之分；乌龙茶有金黄、橙黄、橙红之分。这都需要仔细判断综合比较。

闻香，是从嗅觉上判断茶叶品质的重要步骤。好的茶香自然、纯真、沁人心脾、令人陶醉，低劣的茶香则有焦烟、青草等杂味。根据温度和芳香物质的不同，可察觉清香、花香、果香、乳香、甜香等香气，令人心情愉快。例如，乌龙茶属花香型，可以散发不同的香气，分为清花香和甜花香，其中，清花香有兰花香、栀子香、珠兰花香、米兰花香等，甜花香有玉兰花香、桂花香、玫瑰花香、紫罗兰香等。

品味，即观色闻香后再品其味。茶汤的滋味也是复杂多样的。茶叶中对味觉起主要作用的是茶多酚、氨基酸，不同条件下这些物质含量比例会出现变化，使茶汤表现出不同的滋味。因此，茶汤入口后不要急急咽下而是吸气，在口腔中稍作停留，使茶汤充分与味蕾接触，感受茶汤的酸、甜、咸、苦、涩等味，充分辨别茶汤的滋味特征并享受回味。一般来说，绿茶的滋味以鲜爽甘醇为主，红茶的滋味以甘醇浓厚为主，乌龙茶的滋味以浓醇厚重为主，陈茶还带有陈甜味。

任务五 茶道与茶艺

《神农本草经》记载："神农尝百草，日遇七十二毒，得茶而解之。"陆羽认为饮茶始于上古时代的神农氏。这种说法难以考证，但中国人最早饮茶却是不争的事实。茶进入了中国人的生活，与中华民族传统文化相结合，绵延数千年，最终形成了东方文化中积淀深重、天下独绝的中国茶道。

一、茶道的含义

茶道最早出现于中国。"茶道"一词最早见于唐代天宝年间的进士封演所著的《封氏闻见录》："楚人陆鸿渐（陆羽）为茶论，说茶之功效。并煎茶炙茶之法，造茶具二十四副，以都统笼贮之。远近倾慕，好事者家藏一副。有常伯熊者，又因鸿渐之论广润色之，于是茶道大行。"陆羽的挚友皎然在《饮茶歌·诮崔石使君》中写道："越人遗我剡溪茗，采得金芽爨金鼎。素瓷雪色缥沫香，何似诸仙琼蕊浆……孰知茶道全尔真，唯有丹丘得如此。"皎然也用了茶道一词。可见，茶道一词在我国已使用了1200多年。

道有多种含义：一是指宇宙万物的本体，二是指事物的规律和准则，三是指技艺与技术。与茶结缘的茶道之"道"，是煮茶、饮茶的规律、技术及技艺与煮饮过程中所悟到的道的融合。

茶道是指以一定的环境气氛为基调，以置茶、烹茶、点茶、品茶为核心，以语言、动作、器具、装饰为体现，以饮茶过程中的思想和精神追求为内涵的品茶约会的整套礼仪和个人修养的全面体现，是有关修身养性、学习礼仪和进行交际的综合文化活动与特有风俗。

茶道是中国优秀传统文化的重要组成部分，是茶文化的核心和灵魂，它知行并重。从理论层面讲，中国茶道是研究茶与中国传统文化的关系，以及以茶修身养性、愉悦心灵、感悟人生的一门人文科学；从实践方面讲，中国茶道是以茶修道的人生体验。

二、中国茶道的基本精神

中国茶道融合了中国传统文化的思想精华。中国茶人在茶事活动中，通过不断的实践、理论的升华和总结归纳，形成了中国茶道的基本精神：和、静、怡、真。其中，"和"是中国茶道的哲学思想核心；"静"是中国茶道修习的不二法门；"怡"是中国茶道修习实践中的心灵感受；"真"是中国茶道的终极追求。

（一）和——中国茶道哲学思想的核心

中国茶道之"和"（见图1-23）源于《周易》中的"保合太和"。"保合太和"的意思是世间万物皆由阴阳两要素构成，阴阳协调，保全太和之元气以普利万物才是人间正道。

和是中，和是度，和是宜，和是一切恰到好处，无过亦无不及。其对和的诠释在茶事活动的全过程中表现得淋漓尽致。如在泡茶时动作快慢适中，开合有度，投茶量、水温、浸泡时间掌握得当，表现为"酸甜苦涩调太和，掌握迟速量适中"的中庸之美；在待客时真诚热情、尊敬长者、礼敬嘉宾，表现为"春茶为礼尊长者，备茶浓意表浓情"的明伦之礼；在饮茶的过程中，品茶者知道礼赞泡茶者和自然灵物之茶，表现为"饮罢佳茗方知深，赞叹此乃草中英"的谦和之仪；在品茗的环境与心境方面，追求清幽雅静和闲适平和，表现为"朴实古雅去浮华，宁静致远隐沉毅"的俭德之行。一个"和"字是茶事活动的宗旨。

从哲学之和，可以演绎出伦理之和。如茶人性情要和顺，待人要和善，说话要和婉，处世要和诚，家庭要和睦，邻里要和好，国家民族之间要和平，人与自然要和谐发展等。

从哲学之和，可以演绎出美学之和。以中庸为美，以和谐为美等，如在茶事活动中，动作既优美又不过度夸张，快慢有序，开合适度，茶与茶具要相适宜，音乐、挂画等与所泡的茶要协调等。

图 1-23　中国茶道之"和"

（二）静——中国茶道修习的必由途径

茶清净淡泊，朴素天然，无味乃至味也。茶须静品，只有在宁静的意境下才能品出茶的真味，才能感悟品茶的要义，才能获得品饮的愉悦。静品才能使人安详平和，才能实现人与自然的完美结合，才能进入超凡忘我的仙境。静才能明心见性，洞察秋毫。茶道是修身养性之道，是追寻自我之道，静是茶道修习的必由之道。

中国茶道通过茶事活动创造一种平和宁静的氛围和一个空灵虚静的心境，使茶的清香静静地浸润人们的心田和肺腑，使人们的精神在虚静中升华净化，在虚静中与大自然融涵玄会，达到天人合一的境界。

我国古人对静可修身养性有独到而深刻的认识。白居易在《座右铭》中写道："修外以治内，静养和与真。"苏轼有诗云："欲令诗语妙，无厌空且静。静故了群动，空故纳万境。"这首充满哲理玄机的诗，合于诗道，也合于茶道。

饮茶讲究追求环境和心境的安宁、清净。茶性平和，饮茶易入静，内心发出的中和之气可保持平衡的心。品茶时看茶烟袅袅，闻茶香悠悠，端杯细品慢啜，沉迷茶境，杂念顿消。总之，中国茶道追求极富中国传统审美文化特色的虚静之美。

（三）怡——中国茶道修习实践中的心灵感受

"怡"，有和悦愉快之意。中国茶道形式丰富，不拘一格，雅俗共赏，最能让茶人们在茶事活动中得到愉悦的身心享受。

中国茶道之"怡"（见图 1-24）可分为三个层次。

①生理上愉悦的直观感受。修习茶道，参与茶事活动，首先是对美的直观感受。幽雅的茶事环境，意境深远的插花，精美的茶具，形状各异的茶，清甜的泉水，煮水的松涛声，如梦似幻的茶汤色泽，醉人的茶香，鲜爽甘醇的茶味，悠扬悦耳的背景音乐，动人的解说，使人从视觉、听觉、味觉、嗅觉等方面产生感官上怡悦的直观感受。例如，唐代诗人崔珏《美人尝茶行》中"朱唇啜破绿云时，咽入香喉爽红玉"、宋代诗人王禹偁《龙凤茶》中"香于九畹芳兰气，圆如三秋皓月轮"等均属于这一层次的直观感受。

②心理上愉悦的审美领悟。茶道审美的心理活动并不是只停留在生理上的直觉感受，茶的色香味以及茶事活动中的美妙情景必然会撩动茶人的情思，唤起美好的记忆，引发茶

人的联想，加深茶人对茶道之美的领悟，从而体验到全身心的舒畅和怡悦，使人感到心旷神怡。宋代词人黄庭坚在《品令·茶词》中写道："凤舞团团饼。恨分破，教孤令。金渠体净，只轮慢碾，玉尘光莹。汤响松风，早减了，二分酒病。味浓香永。醉乡路，成佳境。恰如灯下，故人万里，归来对影。口不能言，心下快活自省。"便属于这一层次的审美领悟。

图 1-24 中国茶道之"怡"

③精神上愉悦的感悟与升华。茶人在茶事活动时，在审美观照过程中，经过感知、理解、想象等多种心理活动，而品出了茶的物外高意，悟出了茶道的玄机妙理，不仅得到了身心的美好享受，而且产生了精神上的升华。这种精神享受与升华是中国茶道使人着迷、乐此不疲的根本原因。刘禹锡《西山兰若试茶歌》中"斯须炒成满室香，便酌砌下金沙水。骤雨松风入鼎来，白云满盏花徘徊。悠扬喷鼻宿酲散，清峭彻骨烦襟开"，描述的就是饮茶带来的精神上的感悟与升华。

中国茶道雅俗共赏，不同地位、不同信仰、不同文化层次的人都能在茶道活动中获得愉悦的享受。上流社会人士讲茶道，重在"茶之珍"，意在以精美的茶叶、奢华的茶具来炫耀富贵，展示权势，附庸风雅，获得心理上的满足与愉悦；文人学士讲茶道重在"茶之韵"，意在以茶寄托情怀，激扬文思，交朋结友，修身养性；普通人讲茶道重在"茶之味"，意在涤烦解渴，消食解腻，提神解乏，招待亲朋，联络感情。无论什么人都可以从中国茶道中获得生理上的快感、精神上的满足和心灵上的怡悦，这正是中国茶道区别于强调"清寂"的日本茶道的根本标志之一。

（四）真——中国茶道的终极追求

庄子认为："真者，精诚之至也。不真不诚，不能动人。……真者，所以受于天也，自然不可易也。故圣人法天贵真，不拘于俗。"真与"天""自然"等概念相近，真即本性、本质，所以古人追求"抱朴含真""返璞归真"，要求"守真""养真"。

在中国茶道中所追求的"真"有四重含义。

①追求物之真（见图 1-25）。中国茶道要求以艺示道、以道驭艺，茶应该是真茶，在茶中不添加任何香精、香料或其他食品添加剂，以保持茶的真香本味；环境最好是真山

真水；器皿一般采用真竹、真木、真石、真陶、真瓷；字画最好是名家真迹；插花最好是新鲜的真花，而不用干花、绢花、塑料花等假花。

图 1-25　物之真

②追求情之真。茶人在茶事活动过程中，彼此之间真心相待，真情相向，真诚交流，使相互之间的友谊得到发展，达到互见真心的境界。茶人之间的真情相向可使人们更好地体味品茶的真趣。

③追求性之真。在品茗过程中，茶人在茶烟袅袅、茶香悠悠的无我境界中可将自己融入无限的大自然之中，真正放松自己的心情，放飞自己的心灵，放牧自己的天性，达到"天人合一""返璞归真"的境界。

④追求道之真。即在茶事活动中，茶人们要以淡薄的襟怀、旷达的心胸、超逸的性情和闲适的心态去品味茶的物外高意，将自己的感情和生命都融入大自然，去感悟真理、追求真理，追求对"道"的真切体悟，使自己的心能契合大道，达到修身养性、陶冶情操、澡雪心性、品味人生之目的。由此可见，"真"既是中国茶道的起点，又是中国茶道的终极追求。

三、中国茶道的功用

（一）养生

人们对茶的药用认识是随着时代的发展而变化着的，以茶或者配伍其他中药为组合配方，通过外敷、内服等方式来达到养生保健、防病疗疾的目的。唐朝饮茶之风大兴，与人们了解茶能够强身健体、延年益寿有着不可分割的联系。宋代茶疗方式多种多样，如药茶研末外敷、伴随醋或者研末服用等。元、明、清时期，茶疗的应用范围更加广泛，制作方法也更为多样化，民间和官方皆注重茶疗，如忽思慧《饮膳正要》、王好古《汤液本草》、吴瑞《日用本草》、李中立《本草原始》、赵南星《上医本草》、李时珍《本草纲目》等都有着茶疗、茶性的相关记载。《本草纲目》对茶的记录（见图 1-26）。随着现代科技的进步，茶疗的应用随处可以见到，现代学者编写的一些中医或者茶文化等著作中皆收录了大量的茶疗方，对茶疗进行了更加深入的研究与分析。在临床实践上，茶也与其他中药材配伍而成复方成品茶，用以治疗各种疾病。

图 1-26 《本草纲目》对茶的记录

中医有"药食同源"的说法，药、食一体，茶既是可以使人愉悦身心的饮品，又具有疗愈疾病的功效。古人对茶的保健功效主要有以下的认识：明目、醒酒、益寿、减肥、利尿通便、疗痢止泄、除烦祛腻、固齿、悦志益思、治疗头痛、解除食积、祛风解表、生津止渴、入肺清痰、清热解毒、救饥疗饥、开郁利气等。现代科技对茶叶进行提取，鉴定结果发现茶叶中的化学成分有三百多种，其有效成分兼有营养与防治疾病的作用，而茶叶中与人体有着密切关系的主要有维生素类物质、氨基酸类物质、嘌呤碱类物质、多酚类化合物、矿物质、糖类、蛋白质、脂肪等。现代医学证明了茶对人体的保健功能甚多，主要有提神益思、利尿通便、固齿防龋、消炎灭菌、解毒醒酒、降脂降压、美容养颜、保肝明目、防辐射抗癌变、抗衰老延年益寿。

（二）修养身心

随着现代科技的进步与医疗保健事业的日益完善，一些疾病对人类来说已经构不成威胁，相反的是，社会进步与人类生活方式等因素相联系，人们自身的身心疾病特别是精神上的疾病已经对现代人构成严重的威胁，精神卫生已经成为一个突出的社会问题。精神疾病为个体在认知、情感、意志等精神活动的异常，并通过外在行为有其相应的表现。

在现代化的社会中，人与人、人与社会、人与自然等关系面临着严峻的考验，而随着科技发展，竞争日趋激烈，个体生存的社会压力与心理压力也随之越来越大、越来越沉重，继而出现一系列相应的心理与身体疾病。

从中国茶道对现代人的身心修养的方面看，一方面茶道以其自然、环保、绿色著称，满足了现代人追求身心平衡以及人与自然的和谐，通过饮茶以及品茶的环境，饮茶者在饮茶的过程中获得审美体验，得到身心愉悦。怡身畅神之茶（见图 1-27）。在茶事活动中，人们将此身心全然安住在当下，与大自然建立起更加紧密的联系，怡身、畅神，享受茶道带来的愉悦自得以及超脱俗尘的心境。另外，作为审美主体的茶人，其心胸也要达到虚静的状态，在面对审美对象时要有一颗澄净空灵的审美之心，通过在品茗过程中获得的内在感觉经验而达到对生命的观照。

图 1-27 怡身畅神之茶

另一方面，茶道可以强壮体魄，使人精力充沛、思维敏捷，调节不良心绪。导致个体患有精神疾病的因素很多，如传染病等器质性因素、遗传因素、心理因素、社会环境因素等。中医认为心神与精神疾病有着密切的关系，"心主神明"，个体的心理活动在本质上是心神活动。个体心主神明的话，通常来说心理适应能力强，情绪波动小，不易患精神疾病，而心主不明则相反，情绪波动幅度较大，心理稳定性差，容易走极端，出现过激行为等，各种精神、心理疾病的产生也多与心主不明相关，所以要修心明神。

饮茶使人清心悦神、精神振奋，而且茶叶中含有咖啡碱、茶碱等成分，具有使中枢神经兴奋等作用。以茶和茶事活动为疗愈方法对一些精神疾病的预防也有一定的效果。如困扰现代人的抑郁症，其主要表现为食欲缺乏、体重下降、无原因持续性疲劳、无愉悦感、思维迟缓、自我价值感降低、反复出现自杀行为或念头等，具有高患病率、高复发率、高自杀率等特点。通过茶疗构建一个具有和谐友爱的氛围，饮茶谈心，宣泄烦恼之事，患者如能具备一定的文化修养，愿意接受对其身心有益的建议，对自身心理和行为上有一个良性认知，化缺点为优点，如此则茶话疗法对抑郁症有辅助的疗效。

四、茶道与茶艺的关系

茶艺是在茶道精神和美学理论指导下的茶事实践。

茶艺是源于生活，却又高于生活的综合艺术。我国群众在长期的饮茶实践中，概括出了饮茶的两大类型和三种境界。

饮茶的两大类型是"清饮"和"调饮"。"清饮"（见图 1-28）是指用开水泡茶或煮茶时，不添加任何辅料，闻的是茶的本香，品的是茶的原汁原味，感受的是茶的自然韵味。"调饮"（见图 1-29）是指在饮茶时，根据自己的习惯和喜好，在茶中加糖或加盐、加奶、加蜜、加花、加果汁、加香料、加中草药等，人们可以随心所欲地把茶调制成自己喜爱的饮料，总之只要能喝出健康，喝出好心情，都不失为饮茶的好方式。

图 1-28　清　饮　　　　　　　　　　　图 1-29　调　饮

品茶的三种境界分别是"得味""得韵"和"得道"。

"得味"是指在品茶时能品出茶的类别、品种、新陈、优劣，并且能够用心领悟茶的内在美。它重视的是茶的物理化学性质和人的感官感受，即重视茶的色、香、味、形等自然属性。"得味"是茶人对茶进行审美的基本功。

"得韵"是指把品茶从日常生活琐事升华为生活艺术。在"得韵"过程中讲究人、茶、水、器、境、艺六个要素美的发现、美的整合、美的展示，把泡茶的过程美和品茶的结果美相结合，使人在茶事过程中受到美的熏陶，体验到茶汤的美味和泡茶的美感，得到物质和精神的双重享受。

"得道"是品茶的最高境界，是指茶人在茶事活动过程中，通过静心品茶达到天人合一的境界。"茶艺是在茶道精神和美学理论指导下的茶事实践"就不是一句可有可无的套话，而是我们在学习茶艺时，一开始就必须牢固树立的理念，同时也是在茶艺实践中必须始终遵循的原则。

在茶事实践中，茶艺与茶道互为表里。以艺示道（见图 1-30）。茶道是"心"，是茶艺的思想灵魂。中国茶道博大精深，内涵厚重，在修习茶艺时必须用茶道的精神指导茶艺实践，使茶艺道心文趣兼备，既成为生活的艺术，又成为修身养性的途径。

茶艺是"术"，是茶道的表现形式。中国茶艺源于生活，又高于生活。它升华了各地区、各民族、各阶层的饮茶习俗，所以在茶事活动中必须"以艺示道"，通过茶艺鲜活地展示出茶道的精神，使茶艺能够被大众感知。

茶道无影无形，无法言说，在修习茶道时，人们必须以茶为媒介，通过茶艺赋予茶道形象和生命，使茶道因此而鲜活，使人能够通过茶艺实现对茶道的体验和感悟；茶艺赏心悦目，形象生动，但是若无茶道精神为灵魂必失之于肤浅，因此，修习茶艺必须以茶道精神为指导。

图 1-30　以艺示道

任务六　茶艺形式美的表现法则

茶艺形式美的表现法则

　　茶艺是包括茶叶品评技法和艺术操作手段的鉴赏以及品茗美好环境的领略等整个品茶过程的美好意境，过程体现形式和精神的相互统一。

一、神定气朗

　　中国茶道认为茶道即人道。茶道美首先是人美。中国茶艺以艺示道，在茶艺中首先要表现的正是茶人的形体美、仪态美、神韵美和心灵美。其中最突出的是表现茶人神定气朗的神韵美。茶人们在长期的、经常性的茶艺修习中，借助佛教修行的"五调法"（调身、调息、调心、调食、调睡眠）来修炼自己。

　　调身：要求茶人在茶事活动中坐有坐相，站有站相，走有走相。如坐姿要端正，腰身项颈都要挺直，筋脉肌肉要放松，目光要祥和，表情要自信，举止要从容，待人要谦和。茶艺表演是人与人之间的情感交流，表演者的神情举止是他的内心情感和内在素质的表露，所以在平时训练中应严格要求。

　　调息：呼吸要轻细而匀适，做到不粗、不喘、不急促。

　　调心：要去除杂念排除干扰，做到心不散（不想与茶事无关的事）、不浮（不浮躁不安）、不沉（不昏昏沉沉无精打采），达到虚静空灵，闲适安详的境界。

　　调食：注意饮食适度、适时，吃有吃相，不失饥，也不过饱。

　　调睡眠：做到不贪睡、不失眠、作息有序。

　　茶人通过"五调"就可以进入"心斋""座忘"的境界，得到大智大慧、超越自我、明心见性、陶冶情操等人格的修炼与完善，表现为目定意闲、神玄气朗、举止从容、超脱豁达、风采秀逸。

二、对称与不均齐

对称与不均齐相结合。"对称"是人类认识较早，也普遍重视的形式美法则。从物质形体上看，对称是指以一条线为中轴，中轴线的两侧均等。对称具有比较安静、稳定性强等美学特性，而且可以衬托出中心位置。

不均齐是日本茶道所崇尚的美学法则，用禅语可解释为无法，即没有规律。日本茶道界认为正圆、正方以及一切对称的形体都缺乏美感，只有不均齐的东西才能给人以无穷的想象。

中国茶艺虽强调对称美，但不排斥不均齐美。相反，中国茶人认为，从对称美中可以表现出大自然的规律，而从不均齐美中，人们可以发挥更多的美学联想，这两种美学法则结合使用，可以相辅相成，相得益彰。例如，在茶室中选用千年古树树根做成的，保持树根自然形态的茶桌，茶桌桌面上的年轮构成天章云锦般妙不可言的图案，茶桌的形状和桌面的图案都是不均齐美。而在茶桌上摆放着精巧的茶杯和茶壶则表现出对称美。茶桌上几何形状的花瓶是对称美，而花瓶中错落有致的插花又是不均齐美。这些对称美与不均齐美的结合使用，使得茶室中的美既引人遐想，变化无穷，又有中心，不会显得过分零乱。对称照应，体现协调统一的整体美；阴阳动静，成为共艺变化的节奏美。调和对比，多样统一，茶道中的辩证思想包罗万象，俯拾皆是。

三、照应

《周易·乾》："同声相应，同气相求。水流湿，火就燥，云从龙，风从虎。圣人作而万物睹。"意思是同类的事物相互感应，指志趣、意见相同的人互相响应，自然地结合在一起。这里的"应"原本是响应、共鸣的意思。后来中国古典美学把"应"也作为一个重要的形式美的法则，通常称为"呼应"或"照应"。"照应"所反映的是事物之间的相互依存的关系，具有协调、统一的功能，即通过照应可以把分散的美的各个要素，有机地整合为一个整体美。例如，在茶艺中插花、挂画、楹联与整体环境的照应；背景音乐、解说词与表演动作的照应；茶艺程序编排的前后照应，等等。照应应用得当，有利于形成多姿多彩但又不紊乱的整体美。

四、反复

反复这一美学表现的基本法则也是源于《周易》。《周易》中的卦象由"阴爻"和"阳爻"这两个基本元素构成。阴爻和阳爻的反复出现构成了六十四卦，而这六十四卦的卦象本身就体现了一种反复美，如乾、坤、震、巽、坎、离、艮等。从审美角度看，反复的整体性强，给人整齐一律的美感。面对结构精美的艺术品，一个完整的审美感受都不是一次完成的，需要反复观察，反复体验。每一次总有新发现，反复不是简单的重复，反复的巧妙应用还可以深化主题，给人层层递进的美感。茶艺表演时在背景音乐、图案装饰、程序编排、茶艺动作、文字解说等方面合理地应用反复，不仅不会使人感到单调、枯燥、乏味，相反可增进茶艺的整体美感和节奏感。

五、节奏

节奏作为一个美学的表现法则源于宇宙的运动变化以及生命的成长发育。美学大师宗白华认为，"节奏"贯通了中国人的生活、人格、社会制度、艺术境界和文化意识的基本象征。这显然是对民族心灵和命运的想象，从而赋予"节奏"一项特殊的使命，即表现中国艺术境界和文化意识的最后根据。音乐家用长短音交替和强弱音的反复来创造节奏。书法家、画家用线条和形象排列组织的动势去表现节奏。在茶艺表演中背景音乐、讲解、动作都应当富有节奏感。例如，茶人们通过阴阳、刚柔、动静、开合、往来、盈虚、顺逆、轻重、浓淡、快慢等对立面的相互转化以及连续、间断、反复等的变化来表现动作的节奏。用语音语调的高低、轻重、缓急、抑扬、顿挫来表达讲解的节奏。在节奏的基础上赋予一定的情调色彩便形成了律。韵律更能给人以情趣，更能打动人心，满足人的精神享受。中国茶艺特别注重韵律，认为其美之极，并通过气韵来展示茶道的内在美和茶艺的艺术美。

六、简素

《周易·系辞》说："乾以易知，坤以简能；易则易知，简则易从；易简而天下之理得矣。"老庄美学认为朴素而天下莫能与之争美。陆羽在《茶经》中也强调："茶之为饮，最宜精行俭德之人。"行于简易闲淡之中，而有深远无穷之味的美才是至美，这便是儒家美学认为的大乐必易，大礼必简。

中国自古就有"大音希声，大象无形"的说法。中国人有"无形胜有形"的审美情结，精简素洁不仅符合茶道之本，也符合大多数中国知识分子对于美的追求。清代乾隆年间扬州八怪之一的郑板桥嗜茶善画，他画的竹子枝枝挺拔，风格朗秀，简素无杂，极具神韵，被后人视为一绝。冗繁削尽留清瘦即郑板桥对中国古典美学中简素美的深刻体会。

中国茶艺特别强调简素美。简在中国茶艺中表现为不摆设多余的陈设，不佩戴多余的饰品，不做多余的动作，不讲多余的话。素表现为不浓妆艳抹，不镂金错彩，而是清丽脱俗，朴素儒雅，淡然无极。

七、调和与对比

这是反映事物矛盾的两种状态。调和是求同，对比是存异。调和是把两个接近的东西相并列、相联系在茶艺表演中。调和与对比的应不仅限于色彩，而且表现于声音、质地、形象等多方面。在根雕茶桌上放置一个竹制茶盘，与竹是质地上的调和；在竹茶盘中摆放一把粗犷古朴的紫砂壶并配有几个精细的白瓷茶杯。壶与杯以及壶与茶盘之间都是质地和形象的对比。如果没有调和，则一切都显得杂乱刺眼。相反，如果没有对比，则一切又显得枯燥单调，所以，调和与对比都是中国茶艺美学表现形式中不可缺少的技巧。

八、清雅幽玄

清雅幽玄是中国茶艺追求的意境美。我国茶人在人格上追求清高，在气质上追求清逸，这就决定了他们在茶艺中注定追求以清和幽为特点的美学表现形式。以清为美，在茶艺中常表现为茶的清香、水的清澈、器的清洁、境的清雅、心的清闲。在茶事活动中，茶人们以诗画助茶，为的是添茶境之情雅。以茶辅琴棋书画，为的是添茶人的清兴。以茶讽世，为的是显茶人之清傲。以茶会友，为的是表平淡脱俗之情谊。

"幽玄"用禅语解释为"无底"，即高深莫测之意，表现为含蓄、意味、耐回想。幽之美与佛教禅宗精神有着深刻的联系，带有神秘主义的色彩，很难表现，也很难描述，必须用心去体会。

九、多样统一

老子讲："道生一，一生二，二生三，三生万物。万物负阴而抱阳，冲气以为和。"老子的这一宇宙生发论是多样统一这一美学法则的理论基础。"三生万物"是多样，"冲气以为和"是统一。多样统一是中国茶道形式美的高级法则，同时也是茶艺美的综合表现。

中国古典美学认为："声一无听，物一无文。"这里的"一"是指单一或单调，单一的声音不可能具有音乐的美感，自然"无听"（不好听）。单一的物体，不可能引起视觉上的美感，自然无文（不好看）。中国古典美学在强调美的多样性的同时，也强调美的统一性，提出"和而不同，违而不犯"。"和而不同"是指多样性应和谐而不显得雷同。在中国茶道美学中最突出的表现是宜兴所制的紫砂壶表现出的"圆不一相，不一式"。在壶艺大师的手下，圆与方这样简单的几何形状却有千变万化，他们所制出的圆形壶和方形壶千姿百态，各有特色，让人百看不厌。违而不犯是指多样性在变化中应统一而不显得杂乱。要达到和而不同，违而不犯，在多样统一中应注意两个关系：一是主从关系，二是生发关系。主从关系是指茶艺美学要求的所表现的众多因素中，必须有一个中心，做到有主有次。生发关系是指在茶艺表现出的众多美的因素应当像一棵树一样，树根、树干、树叶是从同一根生长出来的，有美的必然的内在联系。

中国茶艺在多样统一法则指导下形成了丰富多彩的整体性和谐美。一切局部都从属于整体。局部美的魅力从整体中得到显现，同时，局部美在整体美中又保持相对独立。

项目二　识茶

任务一　茶叶种类

一、茶叶命名

茶叶命名的主要依据是茶叶形状、色香，茶树品种、产地，采摘时期，制茶技术以及销路等。

①根据名山、名地、名寺命名，如浙江省杭州市西湖山区的"西湖龙井"、四川蒙顶山的"蒙顶甘露"（见图2-1）、浙江普陀山的"普陀佛茶"、江西庐山的"庐山云雾"（见图2-2）、云南苍山的"苍山雪绿"等。

图2-1　蒙顶甘露

图2-2　庐山云雾

②根据茶叶外形命名，如形似瓜子的安徽六安地区的"六安瓜片"（见图2-3）、形似螺形的江苏省苏州市的"碧螺春"、形似雀舌的安徽省黄山市的"黄山毛峰"（见图2-4）、形似竹叶的四川省峨眉山的"竹叶青"、形如针形的湖南省岳阳市的"君山银针"等。

图 2-3　六安瓜片

图 2-4　黄山毛峰

③根据茶叶的香气、滋味特点命名，如具有兰花香的安徽省舒城的"兰花茶"、滋味微苦的湖南省江华市的"苦茶"。

④根据采摘时间和季节命名，如清明节前采制的称"明前茶"，谷雨前采制的称"雨前茶"；4～5月采制的称"春茶"，8～10月采制的称"秋茶"；当年采制的称"新茶"，不是当年采制的称"陈茶"。

⑤根据加工制作工艺命名，如根据杀青的方式分为炒青茶、烘青茶、晒青茶、蒸青茶；用花加茶窨制而成的称"花茶"；茶叶经蒸压而成的称"紧压茶"。

⑥根据茶树品种命名，如乌龙茶中的"铁观音"、"水仙"（见图2-5）、"肉桂"（见图2-6）、"奇兰"（见图2-7）等，既是茶叶名称，又是茶树品种名称。

图 2-5　水　仙

图 2-6　肉　桂

图 2-7　奇　兰

⑦根据产地命名，如浙江的"安吉白茶"、江西的"婺源绿茶"、广东的"英德红茶"、云南的"滇红"、安徽的"祁门红茶"等。

二、我国茶叶分类

在我国，茶叶分类的方法向来多种多样，目前被广泛认可的是已故安徽农业大学教授、著名茶学家陈椽（1908—1999年）提出的按制法和品质建立的"六大茶类分类系统"：绿茶、红茶、乌龙茶（青茶）、黄茶、白茶和黑茶。鉴于现代化工业的发达，与茶有关的商品越来越多，人们在六

我国茶叶分类

大茶类的基础上又添加了一个"再加工茶类",如花茶,由烘青绿茶、乌龙茶与香花相拌窨制而成,其中以茉莉花为主,还有的用珠兰、桂花、玫瑰花、白兰花、金银花、代代花等窨制。

(一)绿茶

绿茶(见图2-8)是我国产量最多的一类茶叶。用茶树新梢的芽、叶、嫩茎,经过杀青、揉捻、干燥等工艺制成的初制茶(或称毛茶)和经过整形、归类等工艺制成的精制茶(或称品茶),保持绿色特征,可供饮用的茶,均称为绿茶。

绿茶是不发酵茶。这类茶的颜色是翠绿色,泡出来的茶汤是绿黄色,因此称为绿茶,主要花色有西湖龙井茶、碧螺春茶、黄山毛峰茶、庐山云雾、六安瓜片、蒙顶茶、太平猴魁茶、顾渚紫笋茶、信阳毛尖茶、竹叶青、平水珠茶、西山茶、雁荡毛峰茶、华顶云雾茶、涌溪火青茶、敬亭绿雪茶、峨眉峨蕊茶、都匀毛尖茶、恩施玉露茶、婺源茗眉茶、雨花茶、莫干黄芽茶、五山盖米茶、普陀佛茶。

当然茶干和茶汤均为绿色的却不一定为绿茶,如铁观音和中国台湾的条形与球形包种茶,轻发酵、轻焙火或无焙火,因此茶干和茶汤也呈现出以绿色为主的色调,但从茶叶分类的角度来说它们却属于乌龙茶类。

绿茶具有清新的绿豆香,味清淡微苦,富含叶绿素、维生素C。茶性较寒凉,咖啡因、茶碱含量较多,较易刺激神经。绿茶又分为炒青绿茶、晒青绿茶、蒸青绿茶、烘青绿茶四大类,这是根据工艺命名的。如炒青是指绿茶制作工艺的杀青和干燥造型以金属传热的炒为主,而烘青是指绿茶干燥造型阶段以热风传热的烘为主,蒸青是指绿茶杀青采用高温蒸汽蒸熟,晒青则是在干燥时用日光作为热源。

图2-8 绿 茶

1. 炒青绿茶

杀青、揉捻后用炒滚方式干燥的绿茶称为炒青绿茶。炒青绿茶又可细分为细嫩炒青,如龙井、碧螺春、南京雨花茶、安松针等;长炒青,如珍眉、秀眉、贡熙等;圆炒青,如平水珠茶等。

2. 晒青绿茶

杀青、揉捻后用日晒方式干燥的绿茶称为晒青绿茶。晒青绿茶主要有陕青、滇青、川青、桂青、黔青等。

3. 蒸青绿茶

用蒸汽杀青，将茶叶蒸软，而后揉捻、干燥而成的绿茶称为蒸青绿茶。其代表性品种有煎茶、恩施玉露等。

4. 烘青绿茶

杀青、揉捻后用烘焙方式干燥的绿茶称为烘青绿茶。烘青绿茶又可分为细嫩烘青，如黄山毛峰、太平猴魁、高桥银峰等；普通烘青，如福建的闽烘青、湖南的湘烘青、安徽的徽烘青、浙江的浙烘青等。

（二）红茶

红茶（见图 2-9）类属全发酵茶。红茶加工时不经杀青，而是经过萎凋，使鲜叶失去一部分水分，再揉捻（揉搓成条或切成颗粒），然后发酵，使所含的茶多酚氧化，变成红色的化合物，是一种全发酵茶。因为它的颜色是深红色，泡出来的茶汤又呈朱红色，所以叫红茶。红茶主要有小种红茶、工夫红茶和红碎茶三大类，主要花色有祁门红茶、滇红、宁红、宜红、英德红茶、正山小种红茶等。

图 2-9　红　茶

红茶的原料：大叶、中叶、小叶都有，一般是切青、碎型和条型。

香味：麦芽糖香，焦糖香，滋味浓厚略带涩味。

性质：温和。不含叶绿素、维生素 C。因咖啡因、茶碱较少，兴奋神经效能较低。

红茶可分为以下三类。

1. 小种红茶

小种红茶是福建特产，是世界红茶的始祖，在 200 多年前创制于福建崇安桐木关一带，有正山小种和外山小种之分。其中的"小种"就是指当地菜茶群体，菜茶属于中小叶种茶树。正山小种产于崇安县（今武夷山市）桐木关一带海拔 800～1500 米高的山区，也称"桐木关小种"。邻近县市用工夫红茶熏烟的称为"烟小种"。政和、坦洋、北岭、展南、古田等地所产的仿照正山品质的小种红茶，统称"外山小种"或"人工小种"。正山小种之"正山"，乃是"真正的高山地区所产"之意。武夷山中所产的茶均称作正山，而武夷山附近所产的茶则称外山。

正山小种制作原料成熟度较高，外形条索肥实，色泽乌润，汤色红艳浓厚，有松烟香，滋味醇厚，似桂圆汤，带蜜枣味。调加牛奶后茶香味不减，形成糖浆状奶茶，液色更为绚丽。

2. 工夫红茶

工夫红茶是在小种红茶的基础上演变发展成的一类红茶。工夫红茶是我国特有的红茶品项。工夫红茶原料细嫩，制工精细颇费工夫，因此称为工夫茶，并不是指冲泡时颇费工夫。至今中国生产的工夫红茶主要有安徽祁门红茶、云南滇红、四川川红、福建闽红、江西宁红、湖南湘红、湖北宜红、浙江越红、贵州黔红、江苏苏红、广东粤红等。其中最负盛名的是产于安徽祁门一带的"祁红"和产于云南的"滇红"。特级"祁红"以当地中小叶群体制作而成，外形条索细紧挺秀，金毫显露，色泽乌黑油润，汤色艳明红亮，具有特殊的花香，具有类似玫瑰花的甘香，或类似果糖香，称为"祁门香"，滋味醇和，回味嫩甜。"滇红"采用云南大叶种茶，属于大叶红茶，显金黄色，汤色红艳，具有类似于焦糖的香气，滋味浓醇。

3. 红碎茶

茶青经萎凋、揉捻后，用机器切碎，然后经发酵、烘干而制成的红茶称为红碎茶。红碎茶的可溶性物质浸出快，适合做成"袋泡茶"，饮用起来方便快捷，很受国际市场的欢迎。

（三）乌龙茶（青茶）

乌龙茶（见图2-10）是一类介于红茶和绿茶之间的半发酵茶（发酵度10%～70%），称青茶。乌龙茶种类繁多，在六大类茶中工艺最复杂，制作时适当发酵，使叶片稍有红边。泡法也最讲究，泡出来的茶汤则是蜜绿色或蜜黄色。它既有绿茶的鲜爽，又有红茶的浓醇。因其叶片中间为绿色，叶缘呈红色，故有"绿叶红镶边"之称。比较有名的花色有安溪铁观音、武夷岩茶、闽北水仙、凤凰单枞、冻顶乌龙等。

图 2-10　乌龙茶

乌龙茶的香味既有清新的花香，也有果香或熟果香，滋味醇厚回甘，略带微苦亦能回甘，是相当吸引人的茶叶。乌龙茶主要有闽北乌龙、闽南乌龙、广东乌龙、台湾乌龙四大类。

1. 闽北乌龙茶

闽是福建省的简称，产于福建北部的乌龙茶都属于闽北乌龙。其中最具代表性的有武夷岩茶和闽北水仙。武夷岩茶的主要品种有驰名中外的茶王"大红袍"，及当家品种肉桂和水仙。除此之外，还有铁罗汉、白鸡冠、水金龟、半天腰、北斗、金佛、状元红等名丛。

武夷岩茶汤色橙红亮丽，有天然花香，滋味醇厚，叶底呈明显的"绿叶红镶边"，且有香久益清、味久益醇、耐泡、耐储存等特点。细细品悟，还会感受到"香、清、甘、活"等无比美妙的岩韵。

2. 闽南乌龙茶

产于福建南部安溪、华安、永春、平和等地的乌龙茶统称为闽南乌龙茶。闽南是我国最主要的乌龙茶产区，其中最著名的是"铁观音"。其中，安溪的黄金桂、本山、毛蟹，永春的佛手，平和的白芽奇兰，绍安的八仙及梅占、桃仁等，都是闽南乌龙茶中的珍品。

除了上述的纯种乌龙，闽南人也常将不同品种的茶混合采制，或制好后混合拼配，这样生产出来的乌龙茶统称为"色种"。

3. 广东乌龙茶

广东乌龙茶以产于潮州潮安的凤凰单枞和产于饶平的岭头单枞最为有名，其次是产于饶平的饶平色种。

4. 台湾乌龙茶

台湾乌龙茶根据其多酚类的氧化程度和做青程度分为三类。

一是包种茶。发酵程度为8%～10%，经过炒青、揉捻、干燥等工艺程序生产的乌龙茶称为"包种"。包种色泽较绿，汤色黄亮，滋味和口感接近绿茶，但有乌龙茶特有的香和韵。包种茶主产于中国台湾省北部的台北市和桃园市。其中以文山所产品质最佳，故习惯上称为"文山包种"。

二是乌龙茶。发酵程度为15%～25%，经过炒青、揉捻、初干、包揉、再干燥等工艺程序生产的半发酵茶，在中国台湾省才称为乌龙茶。其中以冻顶乌龙、高山乌龙最为有名。

三是膨风茶。发酵程度为50%～60%，经过炒青、湿巾包覆回软、揉捻、干燥等工艺程序生产的乌龙茶称为膨风茶。其中的极品称为东方美人，又名白毫乌龙、香槟乌龙或五色茶。

（四）黄茶

黄茶（见图2-11）属于轻微发酵茶，是我国特有的茶类。黄茶的制法有点像绿茶，只是在制茶过程中有包裹起来闷黄这道独特的工艺程序，即在一定温度和含水量的情况下，使茶叶由绿色逐渐转变为黄色的过程，具有干茶金黄、汤色黄亮、叶底嫩黄的"三黄"特点。主要花色有君山银针、蒙顶黄芽、北港毛尖、沩山毛尖、温州黄汤、霍山黄芽、霍山黄大茶、广东大叶青等。

黄茶之名最早出现在唐朝，指的是茶树品种芽叶自然发黄。如当时六安的"寿州黄芽"，仍是按蒸青团茶的制法制作而成。明朝后期人们从炒青绿茶中发现，由于杀青、揉捻后干燥不足或不及时，叶色即变黄，于是成了一个新的品类——黄茶。

图2-11 黄 茶

黄茶按鲜叶老嫩分为黄芽茶、黄小茶和黄大茶三类。黄茶有芽茶与叶茶之分，对新梢芽叶有不同的要求：除黄大茶要求有一芽四五叶新梢外，其余的黄茶都要求芽叶"细嫩、新鲜、匀齐、纯净"。如蒙顶黄芽、君山银针属于黄芽茶，沩山毛尖、平阳黄等均属黄小茶，而安徽霍山、湖北英山所产的一些黄茶则为黄大茶。

1. 黄芽茶

原料细嫩，采摘单芽或一芽一叶加工而成，其代表性品种有湖南岳阳的君山银针，四川雅安的蒙顶黄芽，以及安徽霍山的霍山黄芽。黄茶类君山银针已极少生产。蒙顶黄芽以清明前采的独芽为原料，按传统黄茶工艺精制而成，外形扁平光滑，嫩黄油润，汤色嫩黄明亮，醇香柔和，回甘甜爽，是黄茶中的珍品。

2. 黄小茶

采摘细嫩芽叶加工而成的黄茶，其代表性品种有湖南岳阳的北港毛尖和浙江温州的平阳黄汤等。

3. 黄大茶

其为以一芽二三叶甚至一芽四五叶为原料加工而成的黄茶。其代表性品种有安徽霍山大黄茶以及广东大叶青等。

（五）白茶

白茶（见图2-12）的名字最早出现在唐朝陆羽的《茶经·七之事》中，其记载："永嘉县东三百里有白茶山。"永嘉县即今福建福鼎市，是白茶品种原产地。《大观茶论》里说的白茶，是早期产于北苑御焙茶山上的野生白茶。其制作方法仍然是经过蒸、压而成团茶，与现今的白茶经萎凋、干燥的制法并不相同。

白茶具有外形芽毫完整，满身披毫，毫香清鲜，汤色浅，黄绿清澈，滋味清淡回甘的品质特点，是我国茶类中的特殊珍品。白茶主要是通过萎凋、干燥制成的，属轻微发酵茶（发酵度10%）。它加工时不炒不揉，只将细嫩、叶背满茸毛的茶叶晒干或用文火烘干，而使白色茸毛完整地保留下来。白茶是条状的白色茶叶，泡出来的茶汤呈象牙色，由采自茶树的嫩芽制成，细嫩的芽叶上面盖满了细小的白毫，白茶的名称就因此而来。

图2-12 白 茶

白茶汤色浅淡，味清鲜爽口、甘醇、香气弱，性寒凉，有退热祛暑的作用。

白茶主要产于福建的福鼎、政和、松溪和建阳等地，主要花色有白毫银针、白牡丹、贡眉、寿眉等。其中白毫银针最为有名，因其成品茶多为芽头，满披白毫，如银似雪而得名。白茶依照原料的不同可分为白芽茶和白叶茶两类。

1. 白芽茶

完全选用福鼎大白茶或福鼎大毫茶肥壮的芽头制成，其代表性品种有产于福建福鼎，用烘干方式制作的"北路白毫银针"，以及产于福建政和，用晒干方式制作的"南路白毫银针"。这两类白茶都通称"白毫银针"，其茶性凉，功效如同犀角，是防治小儿麻疹的特效药，对成人有排毒养颜、清热降火的功效。

2. 白叶茶

采摘一芽二三叶或用单片叶，按白茶生产工艺制成的白茶统称为"白叶茶"，其代表性品种有白牡丹、贡眉、寿眉等。其中白牡丹是白叶茶中的珍品。

（六）黑茶

黑茶（见图2-13）是用大叶种等茶树的粗老梗叶或鲜叶为原料，通过杀青、揉捻、渥堆发酵、干燥等工艺程序生产的茶，其中渥堆发酵是决定黑茶品质的关键工序。渥堆时间长短、堆内温湿度的高低，都会对产品品质产生十分重要的影响。经过适度渥堆发酵，成品色泽呈油黑色或暗褐色，故名黑茶。汤色为橙黄或褐色，虽是黑茶，但泡出来的茶汤未必是黑色。

黑茶类属后发酵茶（随时间的不同，其发酵程度会变化），可存放较长时间，黑茶性质温和，耐泡耐煮，滋味醇厚回甘。黑茶主要有"湖南黑茶""湖北老青茶""广西六堡茶"，四川的"西路边茶""南路边茶"，云南的"紧茶""饼茶""方茶"和"圆茶"等品种。过去，黑茶主要供给边疆少数民族饮用，所以也称为边销茶。

后发酵有何特点呢？通常来说，茶叶发酵即茶叶中可氧化的物质氧化的过程。通常所说的发酵是茶叶在氧化酶的作用下进行的氧化反应，如青茶、白茶、红茶的发酵。茶的另一种发酵是杀青以后才产生的，属于非酵素性氧化，为区别于杀青之前的发酵，特别将这种杀青后的发酵称为后发酵。

图2-13 黑 茶

普洱茶（见图 2-14）因产地旧属云南普洱府（今普洱市），故得名。过去多数权威的茶学专著都把普洱茶归入黑茶类，进入 21 世纪后，一些学者提出普洱茶应独立为一类，因为普洱茶的茶性与其他黑茶不同，其他各种黑茶对茶树的品种类型都没有任何限制。

普洱茶生产工艺中所说的后发酵是指云南大叶种晒青茶或普洱茶（生茶）在特定的环境条件下，经过微生物、酶、湿热、氧化等综合作用，其内涵物质发生一系列转化，而形成普洱茶（熟茶）独特品质特征的过程。

图 2-14　普洱茶

（七）花茶

花茶（见图 2-15）又名香片，是中国特有的一类后加工茶，是将茶叶加花窨焙而成，茉莉花、玫瑰、桂花、黄枝花、兰花等，都可加入各类茶中窨成花茶。花茶又名窨花茶、香片等。这种茶富有花香，以窨的花种命名，一般是把花名放在前边，茶名放在后边，如茉莉花茶、玫瑰红茶、桂花乌龙、牡丹绣球、珠兰毛峰、珠兰大方等。

图 2-15　花　茶

不同的花茶有不同的风味。茉莉花茶香气清幽、柔和、鲜灵、高雅，是熏花花茶中的最大宗产品。桂花芬芳浓郁，最适合用来熏制乌龙茶或高档的绿茶。玫瑰花香甜润迷人，最适宜用来熏制红茶。金银花的香气清纯隽永，最适宜熏制鲜爽度高的绿茶。另外还有白兰花、含笑花、珠兰花、代代花等也常常用来熏制绿茶。

茶 艺

任务二 茶叶的品质鉴评

中国茶叶品质的鉴定包括感官审评和理化检验两个方面，这里只介绍感官审评方法。所谓感官审评，就是根据视觉、嗅觉、味觉和触觉感受，使用规定的评茶术语，对茶叶的形态、嫩度、色泽、香气、滋味等感官特性进行评定，评出茶叶质量的优劣。

一、评茶用具

（一）审评盘

审评盘（见图2-16）亦称样茶盘或样盘，是审评茶叶形状用的。一般是用无气味的木板制成的，上涂白漆，盘的一角开一缺口，便于倒出茶叶。规格有两种，长、宽、高分别为23厘米、23厘米、3厘米和25厘米、16厘米、3厘米。

图 2-16 审评盘

（二）审评杯

审评杯（见图2-17）用来泡茶和审评茶叶香气，瓷质白色，杯盖上有一小孔，在杯柄对面的杯口上有一小缺口，呈弧形或锯齿形，使杯盖盖着横搁在审评碗上仍易滤出茶汁。标准审评杯高65毫米、内径62毫米、外径66毫米，杯盖上面外径为72毫米，下面内径为61毫米，容量是150毫升。我国审评毛茶用的审评杯，容量为200毫升或250毫升，审评乌龙茶（青茶）用的为钟形带盖的瓷盏，容量为110毫升。

图 2-17 审评杯

（三）审评碗

白色瓷碗，用来审评茶叶汤色和滋味。毛茶的审评碗（见图2-18）容量为200毫升或250毫升，成品茶审评碗容量为150毫升。

图2-18 审评碗和盖碗

（四）叶底盘

审评叶底（浸泡叶）用，木质叶底盘有正方形（长、宽、高分别为10厘米、10厘米、2厘米）和长方形（长、宽、高分别为12厘米、8.5厘米、2厘米）两种。此外还有一种长方形白色搪瓷盘，盛清水漂看叶底。

此外，评茶用具还有样茶秤、砂时计或定时钟、网匙、茶匙、汤杯、吐茶筒、烧水壶等。

二、评茶程序

通用型茶叶感官审评程序：扦样—把盘—评茶。

（一）扦样

由于茶叶具有相当的不均匀性，因此需要扦取能代表一批茶叶的样茶。

（二）把盘

将茶叶放入审评盘中，双手拿住审评盘的对角边沿，左手拿住审评盘的倒茶小缺口，用回旋筛转的方法使盘中茶叶分出上中下三层。先看面张和下身，然后看中段茶。

（三）评茶

1. 干评

①筛选法：把150～200克茶叶放在审评盘中，双手波折地筛旋审评盘，使茶叶分层，让粗大的茶叶浮在上面，中等的在中间，碎末在下面，再用右手抓起一大把茶，看其条形、整碎程度。

②直观法：把茶样倒入审评盘后，再将茶样徐徐倒入另一只空审评盘内，这样来回倾倒二三次，使上下层茶充分拌和，不受筛选法易出现的各种误差干扰，能较正确而迅速地评定外形。

2. 湿评

湿评（见图2-19）。一般红茶、绿茶、黄茶、白茶，取3克，投入审评杯，以沸水冲满，加盖，5分钟后将杯内茶汤滤入审评碗内。开汤后应先嗅香，看汤色，再尝滋味，后评叶底。

图2-19 湿 评

三、审评要点

（一）外形审评要点

绿茶评审要点是嫩度、形态、色泽、整碎和净杂等。嫩度好的茶叶，一般细小多毫，紧结重实，芽叶完整，色泽嫩绿鲜活。嫩度差的茶叶，一般较粗松，色泽复杂枯暗。名优绿茶的形态有特色，条索紧细、重实，茶芽多，色泽嫩绿，匀净整齐。乌龙茶评审要点是条索、色泽、整碎、身骨轻重和净度等。武夷岩茶：条索肥壮紧实扭曲、叶背起蛙皮状沙粒（蛤蟆背）、色泽青褐油润。铁观音：外形圆结重实、色泽砂绿鲜润。凤凰单枞：条索肥壮、紧结重实、匀整挺直、色泽棕褐油润。乌龙茶通常肥壮紧结卷曲、重实（条形茶），圆结（颗粒形茶），色泽砂绿鲜润。

茶叶评审要点

红茶评审要点是条索、嫩度、色泽、整碎度和净杂度等。条索评松紧、轻重和长短等，嫩度评锋苗、金毫多少，色泽评色泽类型、润枯和匀杂等，净度评筋梗、片、末和非茶类夹杂物等。工夫红茶通常条索细紧、重实、色泽乌润、匀齐、洁净。红碎茶通常细紧匀净、色泽乌润或红棕者优。

（二）汤色审评要点

主要评色调、明亮度、浓淡、清浊、茶碗内沉淀多少。绿茶嫩绿明亮者优。汤深黄者差。铁观音和冻顶乌龙汤色金黄，武夷岩茶橙黄明亮，凤凰单枞橙黄明亮者优。白毫乌龙汤色橙红者优。红茶红艳明亮带"金圈"，冷后出现"冷后浑"者优。

（三）香气审评要点

主要评香气类型、爽快感、强度、纯异、柔和度、持久性及鲜陈等。绿茶鲜嫩清高、嫩栗香持久者优。乌龙茶花香浓郁者优。红茶香气高锐，清香带甜、带花果香者优。

（四）滋味审评要点

审评茶汤的鲜爽度、纯异、浓淡、醇涩等。绿茶鲜嫩爽口，清鲜回甘者优。乌龙茶醇厚回甘者优。工夫红茶以鲜醇带甜者优。红碎茶以浓强鲜爽者优。

（五）叶底审评要点

审评茶渣的老嫩、色泽、明暗及匀杂程度等。绿茶嫩绿明亮，芽多，叶质柔软者优。乌龙茶叶质柔软者优，轻发酵者叶色绿褐者优，稍重发酵者有绿叶红镶边者优。红茶红匀明亮者优。

（六）品质评价

通常采用评茶术语和评分两种方法。关于外形、香气、汤色、滋味和叶底的评茶术语很多，常用形容词和副词来表示。评茶术语，根据不同茶类和不同品质因子，常用的有如下几种：

①外形有扁平、针形、卷曲、细紧、绿润、黄绿、乌黑、红棕、显毫、披毫等。
②汤色有黄绿、嫩绿、金黄、红亮、橙黄、明亮等。
③香气有嫩香、清香、栗香、陈香、青气、果香、高火、甜香、蜜兰香、欠纯等。
④滋味有甘醇、鲜醇、鲜浓、浓醇、甜醇、鲜爽、浓强、青涩、火味等。
⑤叶底有肥软、粗硬、全芽、幼嫩、嫩绿、匀亮、红匀、青褐等。

不同茶类，审评因子的侧重点有些不同。中国绿茶特别注重外形、香气和滋味，中国红茶注重香气、滋味和外形，中国乌龙茶特别注重香气，中国普洱茶注重滋味。

评分常采用百分制记分法，不同茶类其各项品质因子所占的比重已有国家标准。

任务三　茶叶的保存方法

茶叶的保存

对于一个喜爱饮茶的人来说，不可不知道茶叶的贮藏方法。因为品质很好的茶叶，如果贮藏方法不得当，就会很快变质，颜色发暗，香气散失，味道不良，甚至发霉而不能饮用。为防止茶叶吸收潮气和异味，减少光线和温度的影响，避免挤压破碎，损坏茶叶美观的外形，就必须采取妥善的贮藏方法。

一、影响茶叶质量的因素

收藏茶叶与收藏古玩有着天壤之别，藏友必须考虑到保质的问题。所以在学习如何贮存茶叶时，应当先了解影响茶叶质量的因素有哪些。

（一）茶叶的含水量

水分是茶叶内各种生化成分反应的介质，也是发生霉变的主要因素和微生物繁殖的必要条件。通常情况下，茶叶含水量控制在 6% 以下，便可以保存较长时间且保持品质不变；而当茶叶含水量超过 6.5% 时，存放 6 个月就会产生陈味，含水率越高，陈化越快；含水量超过 7% 时，滋味就会逐渐变差；到 8% 时，短时间内可能发霉；超过 12% 时，真菌大量滋生，霉味产生。因此，高档名优茶叶的含水量以控制在 4%～5% 为佳，一般茶叶应控制在 6% 以内，最多不超过 7%。

（二）贮存地的环境条件

①低氧环境：氧气是茶叶内的化学成分发生变化的介质。茶叶在贮存过程中，其中的物质如茶多酚、维生素 C 等在有氧条件下会直接氧化而变质。因此，贮存的容器内，应达到无氧的状态，这样茶叶就不易变质。

②干燥环境：茶叶是一种疏松多孔的物体，具有较大的表面积和良好的水分吸收能力，当空气相对湿度在 80% 以上时，一天内茶叶的含水量可达 10% 以上。因此，贮存茶叶的地方的空气相对湿度应控制在 50% 以下。

③低温贮存：温度越高，茶叶内的化学成分反应速度越快。一般来说，温度每升高 10℃，茶叶色泽褐变速度加快 3～5 倍。而在 0～5℃时，茶叶可在较长时间内保持原有色泽；10～15℃时，色泽变化较慢，保色效果也好。一般名优茶的贮存温度控制在 5℃ 以下为好。如贮存在 -10℃ 以下的冷库或冷柜中，则效果会更好。

④避光保存：茶叶贮存过程中如受到光的照射，特别是紫外线的照射，则茶叶中的色素和酯类物质就会发生光氧化反应，茶香、色泽就会变得劣质。综上所述，茶叶的贮存必须满足茶叶本身含水率在 6% 以下，拥有避光脱氧、低温、低湿以及卫生干净的环境等条件。

二、茶叶贮存保质技术

茶叶是一种吸附性很强的食物，对于空气中的水分和异味可谓来者不拒，若是贮存方法稍有不当，就会在短期内失去茶叶的特质，尤其是香高味长的名贵茶叶，更加难以贮存。目前，我们常见的茶叶贮存保质技术有以下几种。

（一）常温贮存

常温贮存，常采用防潮性能较好的铝箔复合袋、各种金属罐、玻璃器皿及茶箱、茶袋等。因茶箱、茶袋防潮性能差，一般茶厂只在大批调拨货物时使用。使用复合袋、金属罐和玻璃器皿贮茶时，要求茶叶含水量控制在 6% 以下；如果容器的密封性好，并结合其他方法保存，效果也不错。但在 30℃ 以上的高温季节，茶叶的品质就很难得到保证，尤其是难以防止色泽褐变。

（二）脱氧包装保鲜技术

脱氧包装贮藏法是把茶叶放置在密封的容器内，再投入脱氧剂，除尽容器内的氧气，从而抑制茶的品质陈化。用这种方法贮存茶叶，容器须高度密封，不能漏气。

只要容器不漏气，投入脱氧剂后经 24 小时，容器内氧气浓度就能降到 0.1% 以下，茶叶基本处在无氧状态下，效果也是不错的。

（三）抽气充氮保鲜技术

抽气充氮保鲜技术，是把装有茶叶的容器内部的空气抽出后，再灌入氮气而保存茶叶品质的一种方法。因为氮气是惰性气体，能抑制微生物活动，达到防霉保鲜的目的，这种方法效果好。实际生活中，有的只能抽出空气，使容器内保持真空；也有的抽出空气后充入氮气，两种方法都可应用。

（四）低温冷藏保鲜技术

低温冷藏保鲜技术是指降低贮存环境的温度，降低茶叶内化学成分发生氧化反应的速度，从而减缓茶叶陈化劣变的一种保鲜方法。目前低温冷藏以冷库为主，茶叶企业、商店都可应用。一般在 5℃ 以下贮藏，8 ～ 12 个月茶叶品质基本不变；在 –10℃ 以下贮藏，两三年内茶叶品质基本不变。不过冷藏贮存时库房空气相对湿度必须控制在 60% 以下，效果才好。另外，茶叶的导热性差，库房内茶叶需分层堆放，每件之间留有空隙，使冷气在室内得以循环，以便使茶叶快速均匀降温。茶叶出库后，宜结合脱氧、抽气充氮的方法保存，效果更好。

（五）生石灰贮存保鲜技术

生石灰贮存茶叶是龙井茶区传统的贮存茶叶的方法。以前是采用陶瓷罐，先将成块状的生石灰放置于布袋内，扎紧袋口，放置于陶瓷灌底部，然后用毛边纸把茶叶按每 500 克一包，包好放置在罐内，罐口用盖盖实。每年在梅雨季节以后，生石灰化成粉状时，更换一次生石灰。这种方法可以在一年内保证茶叶品质基本不变。这种贮存法目前在龙井茶区仍在应用，不过容器有的已被改成铁皮筒（箱），效果基本相同。

三、家庭贮藏茶叶的方法

贮藏主要从控制含水量、避免阳光直射、低温保鲜贮藏、脱氧真空包装等方面入手。当然外包装材质也是关键，如不透光塑料袋、金属铁罐或纸罐、可隔绝空气的铝箔袋等。而茶叶只要保存得当，均可长久存放，一般标示保存期限为两年。如果超过时间，只要不发霉，经过适当烘焙，除了没有原来的"清香"味外，陈年茶汤仍别有一番滋味。家庭贮藏茶叶的方法主要有以下几种。

（一）塑料袋、铝箔袋贮存法

家庭贮藏茶叶的时候，最好选有封口且为食品级的塑料袋，材料厚实、密度高的较好，不要用有味道或再制的塑料袋。装入茶后袋中空气应尽量挤出，如能用第二个塑料袋反向套上则更佳，透明塑料袋装茶后不宜照射阳光。以铝箔袋装茶的原理与塑料袋类同。另外，将买回来的茶分袋包装，密封后置于冰箱内，然后分批冲泡，以减少茶叶开封后与空气接触的机会，延缓品质劣变的时间。

（二）金属罐贮存法

贮藏可选用铁罐、不锈钢罐或质地密实的锡罐，如果是新买的罐子，或原先存放过其他物品留有味道的罐子，可将少许茶末置于罐内，盖上盖子，上下左右摇晃轻擦罐壁后倒弃，以去除异味。市面上有两层盖子的不锈钢茶罐，简便而实用，如能配合以清洁无味的塑胶袋装茶后，再置入罐内盖上盖子，以胶带粘封盖口则更佳。装有茶叶的金属罐应置于阴凉处，不要放在阳光直射、有异味、潮湿、有热源的地方，如此，铁罐才不易生锈，亦可防异味。

（三）冰箱贮存法

放入冰箱内低温贮存，如温度控制在5℃以下，保存茶叶质量的效果较好，一般可使茶叶风味保持1年不变。如用小的听、罐、筒、盒包装，一般密闭性较好，只要外面套上干净的塑料袋，可直接放入冰箱内贮存。对于散装茶，可先放入干燥、洁净、无味的棕色瓶或马口铁罐或筒内，装满装实、盖严，用胶布封口并蜡熔涂封，外面再套上塑料袋扎好，可放入冰箱贮存。

（四）干燥剂贮存法

使用干燥剂，可使茶叶的贮存时间延长到1年左右。选用的干燥剂的种类，可依茶类和取材方便程度而定。贮存绿茶，可用块状未潮解的石灰；贮存红茶和花茶，可用干燥的木炭；有条件者，也可用变色硅胶。

用生石灰保存茶叶时，可先将散装茶用薄质牛皮纸包好（以几克到几十克成包），捆牢，分层环列于干燥而无味且完好的坛子或无锈无味的小口铁筒四周，在坛或筒中间放一袋或数袋未风化的生石灰，上面再放数小包茶叶，然后用牛皮纸、棉花垫堵塞坛或筒口，再盖紧盖子，置于干燥处贮藏。一般1～2个月换一次石灰，只要按时更换石灰，茶叶就不会吸潮变质。木炭贮存法与生石灰贮存法类似，不再赘述。

（五）低温贮存法

将贮存茶叶的环境的温度保持在5℃以下，也就是使用冷藏库或冷冻库保存茶叶，使用此法应注意：

①贮存期6个月以内者，冷藏温度以0～5℃最经济有效；贮藏期超过半年者，以冷冻（-18～-10℃）较佳。

②贮茶以专用冷藏库最好，如必须与其他食物一起冷藏，则茶叶应妥善包装，完全密封以免吸附异味。

③冷藏库内空气循环良好，以保证冷却效果。

④一次购买大量茶叶时，应先用小包（罐）分装，再放入冷藏（冻）库中，每次取出所需冲泡量，不宜将同一包茶反复冷冻、解冻。

⑤由冷藏（冷冻）库内取出茶叶时，应先让茶罐内茶叶温度回升至与室温相近，才可取出茶叶，否则骤然打开茶罐，茶叶容易凝结水汽而增加含水量，使未泡完之茶叶加速劣

变。暖水瓶贮存法是指将茶叶装进新买回的暖水瓶中，然后用白蜡封口并裹以胶布。此法最适用于家庭保管茶叶。

四、注意事项

①购买新茶后，最好尽快装入茶叶罐中，但由于茶叶罐多有不良气味，所以装茶叶前先要去除罐中异味，方法是将少许茶放入罐中后摇晃，或将铁罐用火烘烤一下，将茶叶放入罐时最好连同包裹茶叶的包装一起放入。

②茶叶罐的选择亦需讲究，千万不可将其他用途的铁罐或磁瓮拿来装茶叶，亦不可使用玻璃瓶，以免茶叶受到光线的照射影响品质。铁制的茶叶罐最好有内、外双重盖，密封性佳，极适宜用作贮藏茶叶，但最宜使用密封性佳、不透气、不透光的锡罐。

③如果购买的茶叶量多，可将平日饮用的小部分放置于小罐中，剩下来的装在另一个罐中；如果放置陈年茶叶，更可用胶带将盖口封住，以达到百分百密封，但要定期每年烘焙一次。从罐中取茶时，切勿以手抓茶，以免手汗臭或其他不良气味被茶吸附。最好用茶匙取茶，或以一般家庭使用的铁匙取茶亦可，然而此匙不可用在其他地方。切勿将茶罐放于厨房或潮湿的地方，也不要和衣物等放在一起，最好是放在阴暗干爽的地方。如果能谨慎贮藏茶叶，那么茶叶即使放上几年也不会坏，陈年茶的特殊风味可增添茶趣。如果购买多类茶种时，最好分别以不同的茶叶罐装置，并贴纸条于罐外，清楚写明茶名、购买日期、焙火程度、焙制季节等。

任务四　茶叶的功效与科学饮茶

一、茶叶中的主要成分

（一）茶多酚

茶多酚是茶叶中 30 多种酚类物质的总称，味苦涩，在茶鲜叶中含量为 15% ~ 35%。

茶多酚对茶叶的色、香、味、品质的形成起着重要的作用；不同茶类的茶多酚氧化程度存在较大差异，从而形成了各茶类迥然不同的品质风格。绿茶的茶多酚保留最多，红茶、黑茶的茶多酚保留较少，其他茶类的茶多酚保留量介于其间。

（二）咖啡碱

咖啡碱在茶叶中的含量为 2% ~ 5%。茶叶几乎是在发芽的同时就已开始形成咖啡碱，从发芽到第一次采摘时，所采下的第一片和第二片叶子所含咖啡碱的量较高。咖啡碱含量表现为，大叶种高于中小叶种，夏季高于春秋季，嫩叶高。

（三）蛋白质

茶叶中的蛋白质占干物质总量的 20% 左右，但绝大多数是不溶于水的。

蛋白质含量高的制茶原料，其外形都是叶色嫩绿、叶质柔软，具备制作外形高档的产品的条件。不论是水溶性蛋白，还是不溶性蛋白，在茶叶的加工过程中，可转化为香气成分，影响茶叶的品质。

茶叶中还含有酶。茶叶的不同特点正是由于这些酶的作用，如在茶鲜叶萎凋中香气的形成；在红茶加工中由于多酚氧化酶的氧化，促使茶黄素、茶红素等形成，使得红茶呈现"红汤红叶"；绿茶通过杀青钝化了酶的活性使其保持了"清汤绿叶"的品质特征等。

（四）糖类

茶叶中大多数为不溶于水的多糖类，能提供能量的蔗糖、葡萄糖和果糖只占1%～3%，淀粉只含0.2%～2%，其余都为非能量来源的膳食纤维。因此，茶是一种低热量饮料。这对于某些诸如糖尿病患者，是一种非常适合的饮料。

（五）维生素

茶叶中含有多种维生素，以水溶性的维生素C和B族维生素含量较高。维生素C在茶叶中含量很高，特别是在绿茶中。一个成年人每天需维生素C约70毫克，而一杯优质绿茶含维生素C达5～6毫克，每天饮绿茶，就可以直接补充。

（六）矿物质

茶叶中含有近30种矿质元素，饮茶对钾、镁、锰、锌、氟等元素的摄入较有意义。每日饮茶10克，能适当补充人体所需的多种矿物质。

二、茶叶的保健功能

（一）兴奋作用

人体疲劳主要是由于神经系统衰弱，中枢神经兴奋降低，使肌肉收缩力减退而不能充分伸缩。咖啡碱能兴奋神经中枢，尤其是大脑皮质，会使人精神振奋，注意力集中，大脑思维活动清晰，感觉敏锐，记忆力增强。茶叶中的咖啡碱由于茶多酚、茶氨酸等成分的协调作用，喝茶时的不良反应发生的可能性较小。

（二）利尿排毒作用

茶叶中的咖啡碱和茶碱具有利尿作用，能增强肾脏的功能，防止泌尿系统感染；能促进许多代谢物和毒素的排泄，消除水肿。

（三）强心解痉作用

咖啡碱具有强心、解痉、松弛平滑肌的功效，能解除支气管痉挛，促进血液循环。因此，坚持长期适量饮茶对心脏具有良好的保护作用。

（四）抗菌、抑菌作用

茶中的茶多酚又称鞣酸，作用于细菌，能凝固细菌的蛋白质，将细菌杀死。适量饮茶对肠道疾病（如痢疾、肠炎等）、口腔病变（发炎、溃烂、口臭、咽喉肿痛等），有一定辅助作用。

（五）减肥、降脂、预防"三高"作用

①低能量：茶为低糖低能量饮料。

②调节脂肪代谢：茶中的咖啡碱、肌醇、叶酸、泛酸和芳香类物质，能调节脂肪代谢。

③降低血脂，预防高血压：饮茶具有降血脂的作用，特别是具有降低低密度脂蛋白的功效。

（六）减缓衰老作用

不论是绿茶、乌龙茶还是红茶，所含的儿茶素类化合物有很强的抗氧化作用，可中和体内各部分产生的自由基，延缓老化，防止油脂氧化。

茶叶的抗衰老成分包括茶多酚、茶色素、茶多糖、茶氨酸、各种维生素、芳香类物质等。

三、科学饮茶

通过长期的饮茶实践，人们认识到饮茶对人体的健康有诸多好处，可以健齿明目、清热消暑、去积食、去肥腻、解毒止痢、利水通便、祛风解表、止渴生津、延年益寿等。科学饮茶不仅要根据季节、体质正确地选择茶叶，更要做到茶水分离，现泡现饮。

科学饮茶

（一）根据季节选茶

四季更替，气候变化不一，寒暑有别，干湿各异，在这种情况下，人的生理需求是各不相同的。因此，要顺其自然，顺应人的生理需求，根据不同的茶的品质特点，做到四季选择不同的茶叶饮用。

"春三月，此谓发陈，天地俱生，万物以荣"，春天是生发之机，万物开始昌盛，宜饮花香茶香相结合的花茶、凤凰单枞、清香型乌龙茶，既可以去除心中郁结，又可以祛除冬天的邪寒，促进人体阳刚之气的回升。夏季为生长之机，万物都已经茂盛了，炎炎夏日，阳气升发，饮上一杯降温消暑的绿茶、白茶，出身大汗既可以代谢身体废物又可给人清凉之感。秋季为收敛之机，燥气起来了，饮上一杯不凉不热的乌龙茶、黄茶，其属性平和，既能消除盛夏余热，又能收敛神气。冬季为收藏之机，寒冷冬季，阳气全部收敛了，饮上一杯去寒就温的红茶、普洱熟茶或黑茶，都可收到暖胃生热之效。

（二）根据体质选茶

每个人适合的茶因个人体质不同而异，我国第一部《中医体质分类与判定》中将个人体质分为九种类型，分别是平和质、气虚质、阳虚质、阴虚质、湿热质、血瘀质、痰湿质、气郁质和特禀质。不同体质类型应选择不同茶类。平和体质的人各种茶类均适宜。气虚体质的人容易感到累，气不够用，这类人适宜乌龙茶、普洱熟茶等。阳虚体质的人冬天手脚易冰凉，此类人以选择红茶、普洱熟茶、黑茶为上，红茶、普洱熟茶、黑茶属性温热，长期饮用有温中助阳、驱寒暖胃的功效。热性体质有阴虚性体质和湿热性体质，此类人适宜多饮绿茶、黄茶、白茶、苦丁茶、轻发酵的乌龙茶，长期饮用有提神清心、生津利便的功效。血瘀体质的人容易出现瘀斑，可以喝浓一些的茶，红糖茶、玫瑰花茶都是不错的选择。

痰湿体质的人，体形肥胖，腹部肥满松软，易出汗，可以多喝各类茶，以乌龙茶、普洱茶为上，长期饮用有去油消脂的功效。气郁体质的人多愁善感，适宜饮用富含氨基酸的茶，如安吉白茶、黄金芽、花茶等。特禀体质的人容易对药物、食物、气候过敏，适宜氨基酸含量高的茶，如安吉白茶、黄金芽等，不适宜喝浓茶。

（三）做到茶水分离，现泡现饮

用热水泡茶时，各种物质的溶出是有快慢的，从最易溶出到较难溶出的顺序是咖啡因、游离氨基酸、维生素、水溶性糖、有机酸、茶多酚、水溶性色素、水溶性蛋白、水溶性果胶、茶皂素、水溶性矿物质、难溶性重金属物质和农药。茶水分离可留下对身体有益的物质，剔除其他杂质。

现泡现饮还可避免茶水温度过高。将茶水冲泡好后分入品茗杯，此时茶汤的温度刚好适合饮用，水温太高会烫伤口腔、咽喉及食道黏膜，长期的高温刺激还是导致口腔和食道肿瘤的一个诱因。相反，对于冷饮，则要视情况而定。对于老人及脾胃虚寒者，应当忌冷茶。一般饮茶的适合温度为 50 ~ 60℃。茶水分离后便于闻茶叶真香，茶叶不会焖熟。

（四）饮茶禁忌

茶叶虽然是健康饮品，但也要做到饮之有度，否则会对身体造成一定程度的伤害。

1. 紧靠饭食时间不宜大量饮茶

饭前大量饮茶会冲淡唾液，影响胃液分泌并降低食欲。饭后立即饮茶，茶叶中的茶多酚会与食物中的铁、蛋白质发生凝固作用，影响人体对铁和蛋白质的吸收，并且会延长食物的消化时间，增加胃的负担。饭后应隔半小时饮茶，才有助于消食去脂。

2. 妇女三期不宜多饮茶

妇女三期指的是经期、孕期、哺乳期，在此期间妇女不宜多饮茶，要饮也要饮清淡的茶，忌讳喝浓茶。

经期饮茶会使基础代谢加快，容易引起痛经、经期延长、经血过多，甚至缺铁性贫血等现象。

孕期饮茶，由于茶叶中含有咖啡因，会加重孕妇的心脏和肾脏负担，使心跳加快，排尿增多，严重可诱发妊娠中毒。而且孕妇在吸收咖啡因的同时，胎儿也被动吸收，而胎儿对咖啡因的代谢速度要比大人慢得多，这会影响胎儿的营养供应，对胎儿的发育是不利的。

哺乳期饮茶，茶水中高浓度的鞣酸进入哺乳期妇女的血液循环，会有收敛作用，抑制奶水的分泌。咖啡因可通过乳汁进入婴儿体内，对婴儿起到兴奋作用，有时婴儿会无故哭闹，甚至会发生肠痉挛。

3. 冲泡次数过多的茶不宜饮用

冲泡具体次数应视茶质、茶量而定，但一杯茶经过三至四次冲泡后，90% 以上的营养物质和有效成分都已溶出，再继续冲泡，茶叶中一些有害的微量元素会被浸泡出来，反而不利于身体健康。

4. 冲泡时间过久的茶不宜饮用

茶叶冲泡时间过久，茶叶中的多酚类物质、维生素、蛋白质等都会氧化变质成为有害物质，香气也会丧失，而且茶汤中还会滋生细菌，使人生病，所以冲泡时间过久的茶不宜饮用。

5. 空腹不宜过量饮茶

茶叶中含有茶碱，空腹不宜过量饮茶，更不宜饮浓茶。空腹饮茶容易引起茶醉，导致血液循环加速、呼吸急促、心慌、心悸、心跳加速等一系列不良反应。出现茶醉后，应立即停止饮茶，吃些茶点或喝些糖水，症状即可得到缓解。

6. 贫血患者以及服用含铁、含酶制剂药物时不宜饮茶

缺铁性贫血患者不宜饮茶，因为茶叶中的多酚类物质会和食物中的铁发生化学反应，不利于人体对铁的吸收，从而加重病情。另外，缺铁性贫血患者服用的多是含铁药物，多酚类物质与药物中的铁发生化学反应而产生沉淀，会影响药效。

7. 冠心病患者须酌情饮茶

冠心病有心动过速和心动过缓的症状。茶叶中的咖啡因有兴奋作用，可以增强心肌的机能。对于窦房传导阻滞或心动过慢的冠心病患者来说，可以适当喝些茶，甚至喝些偏浓的茶，有助于提高心率，可以配合药物起到治疗的作用。对于心动过速的冠心病患者来说，最好做到不饮茶，以免因喝茶引起心跳加快。有心房纤颤或心脏期前收缩的冠心病患者，也不宜饮茶，饮茶容易促使发病或加重病情。

8. 神经衰弱患者要节制饮茶

神经衰弱患者主要是晚上容易失眠，而茶叶中含有的咖啡因会刺激人的中枢神经，使人处于兴奋状态，所以神经衰弱患者在白天可以适当饮些淡茶，夜晚尤其是临睡前不宜饮茶。

9. 脾胃虚寒患者不宜饮茶

脾胃虚寒患者胃部常有寒凉感，得温症状可以减轻。而茶叶属性寒凉，尤其是绿茶，当饮茶过浓或过多时，茶叶中所含的茶多酚会对患者胃部产生强烈的刺激，影响胃液的分泌，轻则影响食物消化，严重则会产生胃酸、胃痛等不适现象，使患者脾胃虚寒症状加重。所以脾胃虚寒患者，或患有胃病的人，要尽量少饮茶，特别是少饮绿茶。

【茶文欣赏】

康王谷水帘

〔南宋〕朱熹

循山西北鹜，崎岖几经丘。前行荒蹊断，豁见清溪流。一涉台殿古，再涉川原幽。萦纡复屡渡，乃得寒岩陬。飞泉天上来，一落散不收。披崖日璀璨，喷窦风飕飗。追薪爨绝品，瀹茗浇穷愁。敬酹古陆子，何年复来游？

项目三　茶叶冲泡程序

任务一　西湖龙井冲泡法

西湖龙井冲泡法

一、龙井茶鉴赏

"名山出名茶"，西湖四周，峰峦叠翠，溪谷深广，云雾缭绕，阳光雨露充沛，自古盛产名茶。以龙井地区为最佳，故名"龙井茶"，已有1200多年历史。唐代茶圣陆羽在《茶经》一书中已早有记载："杭州钱塘天竺、灵隐二寺产茶。"元明时，"龙井茶"已闻名国内。清代乾隆皇帝南巡江南时，曾在杭州天竺和云栖等地细观茶农采茶和炒茶的情况，在天竺山写下了《观采茶歌》："火前嫩，火后老，唯有骄火品最好。西湖龙井旧擅名，适来试一观其道；村男接踵下层椒，倾筐雀舌还鹰爪。地炉文火徐徐添，乾釜柔风旋旋炒；慢炒细焙有幼芽，辛苦功夫殊不少。"传说，乾隆皇帝还到了龙井村，在狮峰山下的胡公庙品饮过"龙井茶"，说是在庙前十八茶树上采过茶叶，这就是迄今流传的十八棵"御茶树"的来历。"龙井茶"经过历代封建皇帝品饮赏识，名声更著，影响更大。

龙井茶素以"色翠，香郁，味正醇，形美"四绝著称。这是独特的生态条件、优越的地理环境、适宜的气候因素，加上精耕细作的栽培、精巧细腻的炒制和新颖美观的包装的结果。

龙井茶产地分布在西湖西南龙井村四周的秀山峻峰。这里地势高耸，山峦重叠，秀丽挺拔。龙井茶园（见图3-1）分布在傍溪靠涧的谷地，山坡土壤多半是砂质壤土，结构疏松，通气透水，含有效磷酸多。茶生其间，根深叶茂，常年碧绿，采次多，萌发轮次多，采期长。从垂柳吐绿，到层林尽染，都有茶采。清明时节采摘的就是最为珍贵的极品——明前茶。500克明前茶需要有35000～40000个芽头方能炒成。

图 3-1　龙井茶园

　　栽种龙井茶是很有讲究的。每当冬季来临，茶农们在茶棚周围挖沟施下有机肥料，为来春发芽展叶准备了丰富的营养。每当初春，茶农们又把茶丛修剪得整整齐齐。气温回升后，翠绿的嫩芽便应时而吐，施下催芽肥后人们就开始采摘珍贵的"明前茶"了。在随后的当年采茶期中，还要施追肥三次，穿插在各批次的采茶中。

　　千百年的生产实践，当地茶农不仅积累了丰富的栽培经验，还提炼出一套高明的采制技术。

　　炒制高中级龙井茶，一般要经过杀青、回潮、簸片、分筛和辉炒等工序。龙井茶外形的形成，首先必须杀青均匀而充足，达到初具条胚和保持色泽绿翠。"揭""捺""压""拍""扣"五诀，在交替进行、相互作用、配合得当下，炒成外形精美、色绿匀润的龙井茶。杀青锅温起初是 100 ～ 120℃，以后逐渐降到 80 ～ 90℃，炒成时为 40 ～ 50℃。每锅投叶量大约 150 克。杀青采取"抖""抹""搭"炒法。"抖"是使叶散锅中受热均匀，并散发叶的水蒸气和青气。"抹"是使叶贴锅透热，并起卷条作用。"搭"是使叶条受压炒成扁条。开始时"抖"炒 3 ～ 4 分钟，以后"抖""抹""搭"炒交替进行。炒到萎软、光失色深、略呈扁条形、青气消失、茶香透露、叶含水量为 20% ～ 25% 时，算是杀青适度。

　　杀青后要摊凉，称为回潮，目的是使叶中水分重新分布，叶质柔软程度较匀，利于辉炒制形和干燥程度均匀。方法是将杀青叶薄摊于竹盘，经过 40 ～ 60 分钟，摊到叶温降到和室温相等。这时就可以进行分筛。

　　分筛是将杀青叶筛分为"筛面""中筛""筛底"三档，分别进行辉炒，以利制形和使叶的干燥程度均匀。

　　辉炒（见图 3-2）是龙井茶成形的关键。在辉炒中要使茶叶制成扁平匀直的条形，表面光润。操作方法主要有"拍""扣""辉""捺""压"五诀，并辅以"推""荡""拍"为理条，"扣"为紧条，"辉"使条直，"捺"和"压"使条扁平，"推"辅助"捺"和"压"，"荡"使表面光润。炒茶讲究火功。锅温调节分为先低、中高、后低三个阶段。开始 10 分钟为 40℃，11 ～ 20 分钟为 50 ～ 60℃，21 分钟到完成为 40℃左右。辉炒历时 25 ～ 30 分钟，以条形达到色翠光润、香气透发、茶叶含水量 4% ～ 5% 时为辉炒完成。

图 3-2　辉　炒

　　龙井茶炒好后，极易受潮变质，所以包装贮藏也十分讲究。一般包装要用道林纸衬里，具有一定吸湿性能的草纸在外。二两、半斤或一斤一包。包好后，放入生石灰缸内。只要适时更换生石灰，就能减少霉坏变质。

　　西湖周边各地所产的西湖龙井（见图 3-3），由于生长条件不同，自然品质和炒制技巧略有差异，形成不同的品质风格。历史上按产地分为狮、龙、云、虎四个品目，即狮峰、龙井、云栖、虎跑四地所产，以狮峰龙井品质最佳，最富盛誉。现在调整为狮、龙、梅三个品目，梅即梅家坞，仍以狮峰龙井品质最佳。特级西湖龙井茶具有八大特征：外形扁平光滑挺直；色泽嫩绿光润；体表无茸毛或少茸毛；叶片果胶质含量较低；冲泡后汤色嫩绿（黄）明亮；闻之有豆花香或板栗香；入口滋味清爽浓醇；叶底嫩绿呈朵。

图 3-3　西湖龙井

二、龙井茶冲泡

　　西湖龙井茶的冲泡方法更与其他茶叶有点不同，比较特别的地方体现在水温控制上：冲泡西湖龙井千万不要用 100℃的水，因为龙井茶是没有经过发酵的茶，所以茶叶本身十分嫩。如果用太热的水去冲泡，就会把茶叶滚坏，而且还会把苦涩的味道一并冲泡出来，影响口感。那么怎么控制冲泡西湖龙井的水温呢？

冲泡西湖龙井茶宜用 85～95℃的沸水，冲泡之前，最好先把沸水倒进一个公道杯，然后再倒进茶盅冲泡，这样就可轻易控制水温。还有一点要记紧的，就是要高冲、低倒。因为高冲时可增加水柱与空气接触的面积，令冷却的效果更好。茶泡好，倒出茶汤后，若不打算立即冲泡，就该把茶盅的盖子打开，不要合上。至于在茶叶分量方面，茶叶刚好把茶盅底遮盖就够了。冲泡的时间要随冲泡次数而增加。中茶文化中对于龙井的泡法没有一定的方式，不过享受龙井时不仅可以品味其茶汤之美，更可以进一步在冲泡过程中欣赏龙井茶叶旗枪沉浮变化之美。接下来，将具体介绍如何泡好西湖龙井。

（一）主要用具

冲泡西湖龙井茶，一般是使用透明玻璃杯，以便欣赏龙井茶叶旗枪沉浮变化之美，或者用青花白瓷茶盏亦可。除此之外，还可以准备品茗杯、茶巾、茶匙、水盂、滤网、热水壶及风炉（电炉或酒精炉皆可）等。

冲泡用水：西湖龙井茶的泡法和水很有关系，西湖泉水众多，有玉泉、龙井泉、虎跑泉和狮峰泉等，水质以虎跑泉水为最优。当然，这个比较理想化，毕竟绝大部分茶友的坐标不在杭州，这时可以用你当地的山泉水，或者也可以用市面上比较流行的农夫山泉饮用天然水替代。

冲泡水温：西湖龙井茶冲泡水温控制在 80℃左右即可；水温过高，嫩芽叶会产生泡熟味；水温太低，则香气、滋味透发不出来。注意要把水先烧开，再放置一会儿，稍微降温就行了，不要加冷水或者水不开就拿来用。

茶叶用量：以 150 毫升的透明玻璃杯为例，西湖龙井 3 克/杯即可，茶水比例为 1：50，也可根据杯子大小及个人口味偏好自行把握。

（二）冲泡步骤

1. 第一泡

①温杯（见图 3-4）。将开水倒至杯中三分之一处，右手拿杯旋转，将温杯的水倒入茶船中。温杯的目的是使稍后放入茶叶冲泡热水时不致冷热悬殊。

图 3-4　温　杯

②盛茶（见图3-5）。将茶叶先拨至茶荷中，便于宾主更好地欣赏干茶。

图3-5 盛 茶

③置茶（见图3-6）。将茶荷中的茶拨至玻璃杯中。

图3-6 置 茶

④浸润泡（见图3-7）。向杯中倾入四分之一的开水（80℃左右的沸水）。放下水壶，提杯向逆时针方向转动数圈，让茶叶在水中浸润，使芽叶吸水膨胀慢慢舒展，便于可溶物浸出，初展清香。这时的香气是整个冲泡过程中最浓郁的时候。时间掌握在15秒钟以内。

图3-7 浸润泡

⑤冲泡（见图3-8）。提壶冲水入杯，用"凤凰三点头"（即将水壶下倾上提三次）法冲泡，利用水的冲力，使茶叶和茶水上下翻动，使茶汤浓度一致。冲水量为杯总量的七成左右，意为"七分茶，三分情"或俗语说的茶七饭八酒满杯。

图3-8　冲　泡

⑥品茶（见图3-9）。品茶当先闻香，后赏茶观色，可以看到杯中轻雾缥缈，茶汤澄清碧绿，芽叶嫩匀成朵，亭亭玉立，旗枪交错，上下浮动栩栩如生。然后细细品缀，寻求其中的茶香与鲜爽，以及甘醇与韵味。

图3-9　品　茶

2. 第二泡

当茶汤饮到还剩三分之一时，用85℃的水采用凤凰三点头的手法续第二泡茶，茶汤依旧倒七分满。待茶汤色泽浓郁、滋味醇厚之后，继续品饮。

一般第二泡滋味更浓一些，是因为茶叶中所浸出的刺激性物质增多，而鲜爽的感觉较第一泡差些。

3. 第三泡

同样当茶汤饮到还剩三分之一时，继续用85℃的水采用凤凰三点头的手法续第三泡茶，但这次冲水的力度要大些，因为茶中的大多数内含物质已经浸出，所以这次要通过水的力度刺激茶汁的浸出。同样静候到茶汤浓郁时再次品饮。但第三泡的茶汤较第二泡显得清淡些，口感较薄，但品饮中还是能体验到生津爽口的滋味。

一般西湖龙井就品三次，有人觉得将这样好的叶底就扔掉太可惜了，在此推荐一款小吃：龙井汤圆。龙井汤圆将煮熟的汤圆放入泡好的龙井茶汤中，再放入几粒枸杞子，红绿白相间，既美丽又美味。茶汤会使汤圆的口感更清爽。

三、品饮特点

西湖龙井外形挺直削尖、扁平俊秀、光滑匀齐，色泽绿中显黄。冲泡后，香气清高持久，香馥若兰；汤色清澈明亮，叶底嫩绿，匀齐成朵，芽芽直立，栩栩如生。品饮茶汤，沁人心脾，齿间流芳，回味无穷。

四、龙井茶文化

十八棵御茶树的故事

传说乾隆皇帝下江南时，来到杭州龙井狮峰山下，看乡女采茶，以示体察民情。这天，乾隆皇帝看见几个乡女正在十多棵绿茵茵的茶蓬前采茶，心中一乐，也学着采了起来。刚采了一把，忽然太监来报："太后生病，请皇上急速回京。"乾隆皇帝听说太后娘娘生病，随手将一把茶叶向袋内一放，日夜兼程赶回京城。其实太后只因山珍海味吃多了，一时肝火上升，双眼红肿，胃里不适，并没有大病。此时见皇儿来到，只觉一股清香传来、便问带来什么好东西。皇帝也觉得奇怪，哪来的清香呢？他随手一摸，啊，原来是杭州狮峰山的一把茶叶，几天过后已经干了，浓郁的香气就是它散出来的。太后便想尝尝茶叶的味道，宫女将茶泡好，送到太后面前，果然清香扑鼻，太后喝了一口，双眼顿时舒适多了，喝完了茶，红肿消了，胃不胀了。太后高兴地说："杭州龙井的茶叶，真是灵丹妙药。"乾隆皇帝见太后这么高兴，立即传旨下去。将杭州龙井狮峰山下胡公庙前那十八棵茶树封为御茶，每年采摘新茶，专门进贡给太后。至今，杭州龙井村胡公庙前还保存着这十八棵御茶树，到杭州的旅游者中有不少还专程去察访一番，拍照留念。

虎跑泉的传说

虎跑泉是怎样来的呢？据说很早以前有兄弟二人，名大虎和二虎。二人力大过人，有一年二人来到杭州，想安家在虎跑的小寺院里。和尚告诉他俩，这里吃水困难，要翻几道岭去挑水，兄弟俩说："只要能住，挑水的事我们包了。"于是和尚收留了兄弟俩。有一年夏天，天旱无雨，小溪也干涸了，吃水更困难了。一天，兄弟俩想起流浪时去过南岳衡山的童子泉，如能将童子泉移来杭州就好了。兄弟俩决定要去衡山移来童子泉，一路奔波。到衡山脚下时就昏倒了。这时狂风暴雨突然发作，风停雨住过后，他俩醒来，只见眼前站着一位手拿柳枝的小童，这就是管童子泉的小仙人。小仙人听了他俩的诉说后用柳枝一指，水洒在他俩身上，霎时，兄弟二人变成两只斑斓老虎，小孩跃上虎背。老虎仰天长啸一声，带着童子泉直奔杭州而去。老和尚和村民们夜里做了一个梦，梦见大虎、二虎变成两只猛虎，把童子泉移到了杭州，天亮就有泉水了。第二天，天空霞云万朵，两只老虎从天而降，落在寺院旁的竹园里，前爪刨地，不一会就刨了一个深坑，突然狂风暴雨大作，雨停后，只见深坑里涌出一股清泉，大家明白了，肯定是大虎和二虎给他们带来的泉水。为了纪念大虎和二虎，他们给泉水起名叫"虎刨泉"。后来为了顺口就叫"虎跑泉"（见图3-10）。用虎跑泉泡龙井茶，色香味绝佳，在现今的虎跑茶室中就可品尝到这双绝佳饮。

图 3-10　虎跑泉

任务二　碧螺春冲泡法

碧螺春冲泡法

一、碧螺春茶鉴赏

碧螺春茶清香袭人，家喻户晓，是中国的传统名茶。

清初洞庭茶俗称"吓煞人香"。1699年，康熙南巡太湖，饮得此茶，以该茶色碧形曲似螺，采于早春为由，钦定茶名"碧螺春"（见图3-11）。

图 3-11　碧螺春

碧螺春种植于常年云雾缭绕、四季花果飘香的洞庭东、西山果园之中，这里光照柔和，雨量充分，茶树长年受太湖雾气滋润，并饱吸四季花果之香，得天独厚的地理小环境，孕育了洞庭山碧螺春超凡脱俗的高雅品质，具有"条索纤细、卷曲成螺、茸毛遍体、银绿隐翠"之外形及"汤色碧绿、清香高雅、入口爽甜、回味无穷"之内质，被誉为"茶中仙子"和"天下第一茶"。

碧螺春茶采摘时间很短，一般从春分开始，谷雨前后结束，只有不到一个月的采摘时间，以春分至清明采制的明前茶品质最为名贵。在采摘的过程中通常以一芽一叶为标准，从初展芽头开采，采摘细嫩茶树鲜叶。炒制一斤碧螺春需要使用7万颗芽头，如果是特别名贵的碧螺春，有时候还能达到约9万颗芽头。采回的芽叶必须及时进行精心拣剔，剔去鱼叶和不符标准的芽叶，当天采摘，当天炒制。

碧螺春茶的炒制（见图3-12），包括高温杀青、低温揉捻、搓团显毫、文火干燥等过程。炒制特点：手不离茶，茶不离锅，揉中带炒，炒中有揉，炒揉结合，连续操作，起锅即成。

图 3-12　制茶人翻炒碧螺春

二、冲泡步骤

碧螺春为名优绿茶类，冲泡比较简单，先用温水将玻璃杯烫洗干净，之后向玻璃杯冲水到七分满，最后将5克碧螺春茶投入杯中，此为上投法，投茶后等待3～5分钟，即可品饮花果香浓郁的碧螺春茶。

（一）温杯

温杯（见图3-13）。向玻璃杯中注入少量热水，手持杯底，缓慢地旋转杯子，使杯子上下温度一致。浸润完毕之后，将玻璃杯中的水倒掉，滤干滤净。

图 3-13　温　杯

（二）注水

注水（见图 3-14）。泡碧螺春的水温不宜太高，一般 80～85℃即可，冲泡碧螺春，我们一般采用上投法。提起水壶，向玻璃杯注入七分满的水。

图 3-14　注　水

（三）投茶

投茶（见图 3-15）。用茶匙将 3 克碧螺春茶轻轻拨入玻璃杯中，静置 3～5 分钟即可饮用。

图 3-15　投　茶

三、冲泡注意点

每次饮用至茶杯三分之一处时，即可再次续水泡饮，一般可连续冲泡三次。

冲泡三分钟左右开始饮用，冲泡时间过长，易使茶叶泡老焖熟，茶汤暗淡，香气钝浊而且有股苦涩的味道。

一尝指的是初尝玉液，头一口感到色淡、香幽、汤味鲜雅。二啜感到茶汤更绿、茶香更浓、滋味更醇，满口生津。三品碧清、香郁、回甘。再细品味，眼前的不再是茶，而是在品太湖春天的气息，在品人生的百味。

四、碧螺春茶汤为什么会有点混浊

碧螺春冲泡后的茶汤会有"毫浑"，这是正常现象。因为碧螺春毫毛较多，所以冲泡后，茶汤表面会有毫毛浮起，使人感觉有一点混浊，但茶汤的品质和口感都是上乘的，同时在冲泡时，也要注意尽量使用上投法，避免过度混浊。

五、泡碧螺春的水温怎么控制

冲泡碧螺春的水温以 80 ～ 85℃为宜，不可过高，如果第一次冲泡的水温过高，茶叶冲泡以后会变黄，说明茶叶可能被泡熟了，茶汤会变得苦涩，影响茶叶的品质。

一般情况下可以将水烧开，晾置 3 ～ 5 分钟，即可使用。

【注意事项】

碧螺春的白毫越多越好吗

碧螺春白毫的多少与采摘时间有关。白毫越多，说明采摘的时候茶叶越嫩。碧螺春采摘的特点是摘得早、采得嫩、拣得净。所以，碧螺春的白毫越多，芽叶越嫩，但决定品质的因素较多，只能说这是好茶的条件之一。

任务三　白毫银针冲泡法

白毫银针冲泡法

一、白毫银针茶鉴赏

白毫银针为白茶中的代表产品，因其身披白毫、挺直如针、色白如银而得名，有"茶中美女""白茶王后"之称。白毫银针采用单芽制成，以头轮采摘的肥壮茶芽制成的成品茶品质最佳，因产量有限，故极为珍贵。白毫银针的主产地为福建福鼎与政和两地，尤以福鼎出产的白毫银针最为上品。福鼎素有"中国白茶之乡"之称，为中国白茶的原产地。

福鼎茶园（见图3-16）位于闽东山区，其地气候温和，雨量充沛，植被繁茂，且境内分布红壤、黄壤、潮土、紫色土等优质土壤。这些土壤松软肥沃，富含多种有机质和矿物质，极其适宜茶树的栽培与生长，故福鼎的白茶种植面积与产量均居全国第一。

图 3-16　福鼎茶园

　　白毫银针（见图 3-17）的制作工序并不复杂，严苛的是其采摘要求和对原料的挑拣。白毫银针有所谓"十不采"的规定：雨天不采、露水不干不采、细瘦芽不采、紫色芽头不采、风伤芽不采、人为损伤芽不采、虫伤芽不采、开心芽不采、空心芽不采、病态芽不采。制作白毫银针需要选择芽头肥壮、白毫显露的茶树品种，如福鼎大白茶、福鼎大毫茶、政和大白茶、福安大白茶等。这些品种的茶树嫩梢都身披茸毛，茸毛基部的腺细胞能够分泌芳香物质，这正是保证白毫银针成品具有清雅香气的关键所在。为保证口感与品质，只有肥壮的单芽头才可用于白毫银针成品的制作，且对采摘的时间也有要求。每年茶树刚刚萌芽，茶叶初展时，是采摘的最佳时机。对于采摘回来的一芽一叶、一芽二叶的新梢，则需剔除嫩叶，只摘取芽心（"抽针"）。

　　白毫银针只需经过萎凋和干燥两道核心工序即可完成制作。此种制法使得茶芽能够自然缓慢地发生变化，既不破坏酶的活性，又不加速其氧化过程，茶叶上那层薄薄的茸毛得以最大限度地保存下来，形成了白毫银针特有的白色茶毫。正因简易的制作工序，使白毫银针得以最大限度地保留茶叶最原始天然的滋味，使其和雅清淡、鲜爽纯净、韵味绵长。

图 3-17　白毫银针

二、白毫银针的泡法

（一）冲泡法

白毫银针常用的喝法之一就是冲泡法，这个毋庸置疑也是日常使用频率最高的喝法了。那么具体步骤为，将茶叶投入盖碗或壶中，用100℃沸水冲泡，第一泡为醒茶，快速出汤，第二泡开始可以根据自己口味延长出汤时间。通常冲泡3～5道之后可改为煮饮，更能发挥它的功效。

（二）煮饮法

白毫银针常用的喝法之二就是煮饮法，这个方式对于一些喜欢喝陈茶的人来说是会经常采用的。那么具体步骤一般是先用沸水将白毫银针茶叶（最好是陈茶）冲泡饮用3～5道，然后放入壶中小火慢煮，汤色逐渐变红，枣香药香逐渐释出，口感醇厚顺滑，茶性、药性会发挥到极致。

（三）焖泡法

白毫银针常用的喝法之三就是焖泡法，这个方式对于上班族或出门在外的茶友来说是更适合的。那么具体步骤为，先用沸水醒茶，然后在保温杯中倒入沸水和白毫银针（最好是陈茶），盖上杯盖，焖泡几分钟后即可饮用，可以久泡。随着焖泡时间的延长，白毫银针的药性得以慢慢释放，同样可以品尝到浓浓的枣香蜜韵，可以多次加沸水饮用。

三、白毫银针的冲泡步骤

（一）备具

首先，在冲泡之前，就需要把所用的茶具准备好。冲泡白毫银针可使用透明玻璃杯或带托茶碗，也可使用紫砂茶具。

（二）赏茶

然后，准备好要用的冲泡茶具之后，可以观赏下白毫银针干茶（见图3-18）。用茶匙取出白茶少许，置于茶盘中，供宾客欣赏干茶的形与色，以引起对白茶的兴趣。

图3-18 赏 茶

（三）置茶和洗茶

接着，观赏完白毫银针茶叶之后，就可以进行置茶和洗茶（见图3-19）了。置茶的话，一般一次投入茶叶3～5克。而洗茶时动作要快，茶叶不可在水中久泡，以免茶叶中的有效成分大量浸出而影响饮用效果。

图3-19　置茶和洗茶

（四）浸润

置茶和洗茶都完毕之后，就可以将白毫银针茶叶进行浸润（见图3-20）。将85～95℃的开水（即水沸后让其自然冷却）少许冲入杯中，使茶叶浸润10秒钟左右。

图3-20　浸　润

（五）泡茶

最后，白毫银针茶叶浸润好后，就可以进行泡茶（见图3-21）了。那么泡白毫银针可用高冲法，向同一方向冲入开水100～120毫升。一般白毫银针可连续冲泡4～5次，以第二泡、第三泡的滋味为最佳。第一泡冲泡时间约为3分钟，等茶汤泛黄即可饮用，第二泡冲泡时间约为5分钟，后面几泡的冲泡时间可根据实际情况依次增加。

图 3-21　泡　茶

四、白毫银针品饮特点

白毫银针外形芽壮肥硕显毫，形挺直似针，毫白如银，色泽银灰，熠熠闪光。汤色杏黄，滋味醇厚回甘，毫香新鲜，开汤后，芽尖向上，茶芽徐徐下落，竖立于水中慢慢沉至杯底，条条挺立，上下交错，非常美观。由于茶芽下沉时仍挺立于水中，世人称为"正直之心"。满披白毫，色白如银，细长如针，因而得名。福鼎所产茶芽茸毛厚，色白而有光泽，汤色浅杏黄，味清鲜爽口。政和所产茶芽，汤味醇厚，香气清芬。

冲泡时，"满盖浮茶乳"，银针挺立，上下交错，汤色黄亮清澈，滋味清香甜爽。由于制作时未经揉捻，茶汁较难浸出，因此冲泡时间应稍延长。白茶味温性凉，可健胃提神，祛湿退热，常作为药用。在港澳地区，零售商店常将少许白茶与其他茶类拼配，以提高其档次，进而获取商业利润。

五、白毫银针饮用禁忌

①吃药的时候，我们不能用白毫银针茶水送服，这是小时候大人就常说的道理：茶对药来说有一定的"副作用"。

②贫血、血压低的患者如果过量饮白毫银针茶，会头晕、四肢乏力。

③喝白毫银针太多肯定也不好，会睡不着觉。大量饮用白毫银针浓茶会伤身，会使血糖过低，出现头晕、恶心的现象。

④白毫银针中氟含量较高，加上水的因素，多饮会和体内的钙离子化合成氟化钙，不易吸收，造成钙流失。白毫银针茶色素较多，喝多了不注意刷牙很容易在牙齿上留下茶渍斑。

⑤白毫银针茶中的单宁酸和鞣酸会与体内的铁离子化合，同样影响人体对铁离子的吸收，从而影响造血功能。白毫银针茶多数性寒，体寒者多饮会引起腹痛腹泻等不适症状，伤胃。

⑥忌空腹喝茶：空腹饮白茶，直入肾经，对肾不利。

⑦忌饮劣质茶：饮用劣质白茶对身体有害，劣质茶叶的污染残留物只有2%被沸水抛出，因此对身体的伤害很弱，并不代表没危害。白茶一定要选择优质的，否则会导致有害物质侵害人体，不利于身体健康，而且还会诱发疾病。

⑧忌睡前饮茶：睡前 2 小时内最好不要饮茶，饮茶会使神经兴奋，影响睡眠，甚至导致失眠。

以上内容就介绍到这里。白茶性寒凉，胃"热"者可在空腹时适量饮用。胃中性者，随时饮用都无妨，而胃"寒"者则要在饭后饮用。但白茶一般情况下是不会刺激胃壁的。另外，白茶宜常饮，不宜间断，这样才能起到养生的作用。当然，喝白茶的时候也要注意相关的禁忌事项。

六、名茶文化

相传在尧帝时期，福鼎地区忽然暴发瘟疫，许多百姓被夺去了生命。适时，居住于太姥山上的蓝姑勤劳能干、心地善良，她不忍心看着百姓被疫魔折磨，便组织村民上山寻药，几经周折，却徒劳无果。正当她心急如焚之时，梦中一仙翁指点，可于太姥山鸿雪洞中寻得茶树一株，取其叶片晒干煎服，即可治愈疾病。一梦方醒，蓝姑便不辞辛苦，攀上高山，采集到了茶树叶，熬成汤水供百姓饮用，终于驱散疫魔，救百姓于疾苦之中。此后，村民便在蓝姑的带领下，在太姥山上广植茶树，茶种便来自鸿雪洞中的母树。茶树的叶子晒干即成白茶，名为"绿雪芽"，这便是福鼎白茶的起源。蓝姑后来在太姥山得道成仙，被后人尊称为"太姥娘娘"。

福鼎地区至今仍流传着这样一首民歌："白茶白如仙，降生太姥岩石边，是佛母甘露枝，修行养性几千年。白茶白如银，古人尊称解毒灵，清凉解毒退心火，走方行医救万民。白茶白茫茫，夜吐明珠日反光，畲家称摇钱树，制成茶米通番邦。白茶白茫茫，通去番邦换银两，换回银两盖茶艺馆，采青制茶万古传。"时隔千年，人们仍会感动于故事中蓝姑的情怀与义举，蓝姑心系与她并无关系的陌生村民，急他人之急，苦他人之苦，这是一种无缘之慈、同体大悲、心怀大爱的体现。

任务四　君山银针冲泡法

君山银针冲泡法

一、君山银针茶鉴赏

高山云雾出好茶，绝大多数名优茶产在海拔 800 ～ 1000 米的茶区，如黄山毛峰、庐山云雾，而令人称奇的君山银针却出自海拔仅 60 ～ 70 米的君山岛，这得益于君山岛特殊的地理环境。

君山岛（见图 3-22）呈椭圆形，状若青螺，又似倒地芙蓉，不屹立在平陆之上，也不矗立于万山之中，而是宛如一块晶莹的绿宝石，镶嵌在波光潋滟的洞庭湖之中。这种四面环水的环境使君山笼罩在朦胧雾气之中，形成"水抱青螺，吞云吐雾"之奇观。长年多雾，使漫射光和可见光中的红黄光被吸收，利于茶叶中含氮化合物特别是叶绿素、全氮量和氨基酸含量的提高。

图 3-22　君山岛

君山由七十二个小岗丘组成,雅称为"七十二青螺",七十二峰,景趣各异,却峰峰叠翠,茶园罗布。这些山峰不高,海拔 60～70 米,全年日照时间短,年均气温 16.8℃,最高气温 38.8℃,平均相对湿度 84%,年均降水量 1273.8 毫米,岛上茶树的光合作用受到抑制,纤维素不易形成,茶叶的持嫩性特别强。

岛上植被丰富,竹类生长在冲积砂壤上,常绿阔叶、落叶阔叶及杂生的混交林生长在红壤上,茶树生长在林木荫蔽的坡地和谷地,小气候优越,且加之土质为酸性红壤,透水透气性好,茶树根可达 2 米左右深的土层,茶树能获得所需的各种养分,所产茶叶有效成分丰富,香气高长。

君山奇特的地理位置造就了名优茶生长必需的冬春多雾、夏秋多云、日照时短、气候温和的气象条件及酸性砂壤环境,使茶树叶片厚软,节间长,栅状组织薄,海绵组织厚,叶质持嫩性强,内含物丰富,从而为制作君山银针奠定了坚实的基础。

上乘的鲜叶原料是形成君山银针形绝、色美、香郁、味醇品质的前提,而加工工艺是其品质形成的关键。正是与众不同的奇巧工艺才形成了君山银针独有的品质。

采摘标准高:生产 1 千克银针需 4.5 万～5 万个鲜芽,芽头采摘时间集中在清明前三天和后十天,过早芽太瘦,太迟芽欠实;采摘芽头标准高,只采摘单芽,要求芽长 25～30 毫米,宽 3～4 毫米,留 2～3 毫米的嫩茎。为保证质量,还有八不采的规定:雨天不采,风伤芽不采,虫伤芽不采,有病弯曲芽不采,紫色芽不采,空心芽不采,开口芽不采,不符合长短标准的不采。

加工难度大:传统的君山银针属于黄茶类,其工艺流程是杀青、摊放、初烘、摊凉、初包、复烘、摊凉、复包、足干、拣剔等 10 道工序,历时约 72 小时。其中,杀青工序特别讲究轻而快,忌重力摩擦,以免造成脱毫、弯芽、色暗;包烘发酵是形成芽身金黄及特有香气的关键工序,分初包与复包两个步骤,初包时讲究湿度的均匀、温度的适合和散热的及时,复包则用于补充初包时发酵的不足。

君山银针(见图 3-23)全由芽头制成,芽头苗壮,坚实挺直,银毫披露,芽身金黄,素有"金镶玉"之美称;冲泡后香气清郁,汤色微杏黄明净,滋味甘醇甜和,毫香鲜嫩,叶底黄亮匀肥，茸毛清晰。其品质卓越，观赏性更强。用玻璃杯冲泡，茶芽先是冲向水面，状似"群笋出土"；接着茶芽吸水后徐徐下沉，嫩芽幼叶微张，犹如"旗枪竞秀"；间或有芽头沉浮起落，趣称"三起三落"；部分芽尖包含着晶莹剔透的小气泡，恰似"雀嘴含珠"；最后茶芽立于杯底，似"万笔书天"，又如"金枪林立"。茶形与汤色交相辉映，茶香四溢，丽影飘然。

图 3-23 君山银针

君山银针冲泡过程中呈现的"三起三落""雀嘴含珠""万笔书天"被誉为君山银针品饮三奇。

二、冲泡程序

（一）赏茶

赏茶（见图 3-24）。君山银针芽头苗壮挺直，大小长短均匀，白毫完整鲜亮，芽头色泽金黄，故名银针，享有"金镶玉"之美称。

图 3-24 赏 茶

（二）烫杯

烫杯（见图 3-25）。采用回旋斟水法涤烫玻璃杯，提高杯子的温度。

图 3-25 烫 杯

（三）投茶

投茶（见图 3-26）。将茶按 1 ：50的比例投入杯中。

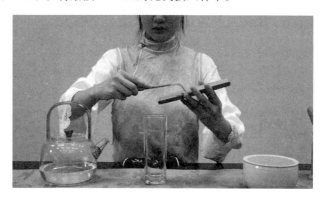

图 3-26 投 茶

（四）注水

注水（见图 3-27）。先回旋斟水再悬壶高冲将水冲至七分满。水温约为 90℃。

图 3-27 注 水

（五）静置

静置（见图 3-28）。欣赏君山银针的茶舞。

图 3-28　静　置

（六）品饮

品饮（见图 3-29）。待茶芽大部分立于杯底时即可欣赏、闻香、品饮。

图 3-29　品　饮

三、品饮特点

君山银针茶香气清高，味醇甘爽，汤黄澄清，芽壮多毫，条索匀齐，着淡黄色茸毫。君山银针茶汤（见图 3-30）。冲泡后，芽竖悬汤中冲升水面，徐徐下沉，再升再沉，三起三落，蔚成趣观。

图 3-30　君山银针茶汤

茶 艺

四、君山银针茶文化

君山银针是我国黄茶中的珍品，它产于烟波浩渺的岳阳洞庭湖中的青螺岛，自古便有"洞庭帝子春长恨，二千年来草更长"的描写，是具有千余年历史的传统名茶。其成品茶芽头茁壮，长短大小均匀，茶芽内面呈金黄色，外层白毫显露完整，而且包裹坚实，茶芽外形很像一根根银针，故得其名。唐代时，文成公主出嫁西藏就曾带了君山茶。后梁时已列为贡茶，以后历代相袭。《红楼梦》曾谈到妙玉用隔年的梅花积雪冲泡的"老君眉"即君山银针。

【名茶故事】

君山银针的传说

湖南省洞庭湖的君山出产银针名茶，据说君山茶的第一颗种子还是四千多年前娥皇、女英播下的。后唐的第二个皇帝明宗李嗣源，第一回上朝的时候，侍臣为他捧杯沏茶，开水向杯里一倒，马上看到一团白雾腾空而起，慢慢地出现了一只白鹤。这只白鹤对明宗点了三下头，便朝蓝天翩翩飞去了。再往杯子里看，杯中的茶叶都齐崭崭地悬空竖了起来，就像一群破土而出的春笋，过了一会儿，又慢慢下沉，就像是雪花坠落一般。明宗感到很奇怪，就问侍臣是什么原因。侍臣回答说："这是君山的白鹤泉（即柳缎井）水泡黄翎毛（即银针茶）缘故。"明宗心里十分高兴，立即下旨把君山银针定为"贡茶"。君山银针冲泡时，棵棵茶芽立悬于杯中，极为美观。

任务五 铁观音冲泡法

铁观音冲泡法

一、铁观音茶鉴赏

铁观音茶与产地关系密切，不同产地生产出的铁观音品质有所差异，安溪茶园（见图3-31）铁观音品质最佳。

安溪位于闽南腹地，特有的地貌和气候使安溪成为茶树繁育的天堂。安溪境内雨量充沛，气候温和，山峦重叠，林木繁多，终年云雾缭绕，山清水秀，属亚热带季风气候区，年平均气温15～18℃，年降水量1800毫米，土壤呈酸性，土层深厚，适宜于茶树生长。独特的地理条件使得铁观音茶树生长在良好的环境中，这里四季分明，昼夜温差大，季节性变化明显，具有相对低温、高湿、多雾的气候特征，为优质茶树的生长提供了优越的条件。难得的是，安溪虽近海，却有崇山峻岭相阻隔，不受海风侵扰。茶区终年云雾缭绕，空气清新，没有污染。香气好的铁观音多生长在高海拔的内安溪山区，那里云雾多，日光漫射，紫外线强。茶的叶部积累较多芳香物质，茶叶叶质厚、柔软、嫩性强。

74

图 3-31　安溪茶园

　　安溪铁观音（见图3-32）的采摘一年可分为四季。谷雨至立夏（4月中下旬至5月上旬）为春茶；夏至至小暑（6月中下旬至7月上旬）为夏茶；立秋至处暑（8月上旬至8月下旬）为暑茶；秋分至寒露（9月下旬至10月上旬）为秋茶。制茶品质以春茶为最好。秋茶次之，其香气特高，俗称秋香，但汤味较薄。夏暑茶品质较次。

图 3-32　安溪铁观音

　　鲜叶采摘标准必须在嫩梢形成驻芽后，顶叶刚开展呈小开面或中开面时，采下二三叶。采时要做到"五不"，即不折断叶片，不折叠叶张，不碰碎叶尖，不带单片，不带鱼叶和老梗。生长地带不同的茶树鲜叶要分开，特别是早青、午青、晚青要严格分开制作，以午青品质为最优。

春天雨水较多，利于茶树生长，经过一冬的积累，叶片内涵物质较多，糖水醇厚而爽口；秋天气候干爽，温差大，温湿度适宜做青造香，所以香气更高。铁观音有"春水秋香"之说，即春天的滋味好，秋天的香气高。夏天的茶叶分为两季，由于气温升高快，茶叶迅速老化，温度高难以控制，所以夏暑茶品质较低。

安溪铁观音初制全过程（见图3-33）：采摘→晒青→凉青→摇青→杀青→包揉→初烘→复包揉→复烘→定型→烘干。主要分为五个阶段：采摘是品质形成的基础阶段；晒青是品质形成的初始阶段；摇青是"构色""构香""构味"品质形成的关键阶段；杀青是固定内质的重要阶段；揉烘是外形制作塑形阶段。

图 3-33　铁观音制作工艺

采摘。每年春茶的最佳采摘期在"五一"前后的四五天，秋茶最佳采摘期在"十一"后的四五天。如果天气过暖或过冷则相应提前或推迟。铁观音要在有一定成熟度的时候采摘，一般要求叶顶2～3片叶子达到中等开面的程度，采一芽二叶或一芽三叶。这时候叶片大约有拇指长，叶芽壮，叶片厚，绿色光润，拿在手里有重感。叶片过嫩，则香气物质少，叶片过老，有效物质的基础差，成品茶的颜色枯黄，滋味寡淡。

晒青。有条件的用竹筛摊开，亦可选择水泥板披上防水布隔热，避免地面温度太高，损伤鲜叶。晴天傍晚在太阳下山前20～30分钟晒青最适宜。

凉青。把茶青均匀地凉在竹筛上，竹筛上的茶青厚度不宜超过2厘米，每个竹筛摊青量为0.5～0.75千克。

摇青。茶叶凉青后开始第一次摇青。把茶青装入摇青机竹笼，装六至七成满，摇动竹笼，使茶青滚动、摩擦，叶细胞部分受损，引起叶子多酚类化合物局部酶促氧化。茶青发出轻微清香味时进入第二次摇青，目的是促进青叶转化继续走水。青叶再次发出清香时进行第三次摇青，目的是去水留香。第四次摇青，通常须摇至青叶发出一种果酸味为宜。

杀青。通过杀青迅速制止酶促氧化作用，固定在做青阶段形成的色、香、味茶叶内质，蒸发较多水分，便于揉烘操作。

包揉。第一次包揉期间数次翻拌至外形稍软润时及时松开，均匀摊在竹筛上，然后放入烘干机，进行初烘，初烘至不粘手又不燥，拿出烘箱摊凉后复包揉，期间数次翻拌，达到外形圆润紧结时松包，复烘暖，继续包揉期间数次翻拌至需要的外形定形，半小时后再松开，再包揉至条索紧结、圆润、成豆粒形状，方为成形。

烘干。低温慢烘可以促进茶叶香气清纯，韵味醇厚，外表色泽油亮，烘干至茶叶用手压会碎成粉末为足干，进行摊凉，茶叶晾至正常温度时，即可收集装袋销售。

二、冲泡程序

（一）赏茶

赏茶（见图3-34）。安溪铁观音，属青茶之极品。铁观音成品色泽褐绿，沉重若铁，茶香浓馥，因可比美观音净水而得此圣洁之名。

图3-34 赏 茶

（二）烫具

烫具（见图3-35）。用热水烫盖碗。

图 3-35　烫　具

（三）投茶

投茶（见图 3-36）。将茶叶投入盖碗中，约有碗身的三分之一。

图 3-36　投　茶

（四）温润泡

温润泡（见图 3-37）。用热水快速淋茶并将茶汤迅速倒入品茗杯中，起到舒展茶叶的作用。

图 3-37　温润泡

（五）冲水

冲水（见图 3-38）。悬壶高冲将沸水冲入杯中并立即用盖将茶叶末刮掉，盖上盖子。

图 3-38　冲　水

（六）净杯

净杯（见图 3-39）。在茶汁浸出的过程中将品茗杯中的水倒干净。

图 3-39　净　杯

（七）分茶

分茶（见图 3-40）。采用循环分茶法将茶汤分匀。

图 3-40　分　茶

（八）敬茶

敬茶（见图3-41）。铁观音汤色金黄，醇厚甘鲜，入口回甘带蜜味。

图3-41　敬　茶

（九）品茶

品茶（见图3-42）。茶分三口品，杯底留香。此茶七泡有余香，从第二泡起可根据茶汤浓度延长浸泡时间。在品饮完毕后，还可打开碗盖，欣赏叶底。

图3-42　品　茶

三、品饮特点

铁观音的制作工艺十分复杂，制成的茶叶条索紧结，色泽乌润砂绿。好的铁观音，在制作过程中因咖啡碱随水分蒸发还会凝成一层白霜；冲泡后，铁观音茶汤（见图3-43）有天然的兰花香，滋味纯浓。用小巧的工夫茶具品饮，先闻香，后尝味，顿觉满口生香，回味无穷。近年来，发现乌龙茶有健身美容的功效。

图 3-43 铁观音茶汤

四、铁观音茶文化

铁观音原产安溪县西坪镇，已有 200 多年的历史，关于铁观音品种的由来，在安溪还流传着这样一个故事：相传，清乾隆年间，安溪西坪上尧茶农魏饮制得一手好茶，他每天早晚泡茶三杯供奉观音菩萨，十年从不间断，可见礼佛之诚。一天夜里，魏饮梦见在山崖上有一株散发着兰花香味的茶树，正想采摘时，一阵狗吠把好梦惊醒。第二天果然在崖石上发现了一株与梦中一模一样的茶树。于是采下一些芽叶，带回家中，精心制作。制成之后茶味甘醇鲜爽，精神为之一振。魏饮认为这是茶之王，就把这株茶挖回家精心种植。几年之后，茶树长得枝叶茂盛。因为此茶美如观音重如铁，又是观音托梦所获，就叫它"铁观音"。从此铁观音就名扬天下，成为乌龙茶中的极品。

任务六　祁门红茶冲泡法

祁门红茶冲泡法

一、祁门红茶鉴赏

祁门红茶，简称为"祁红"，是产于安徽省祁门县的著名红茶。祁门县位于安徽省的南部山区，昌江上游，自古育茶，现有"中国红茶之乡"的美名。祁门红茶的种植区便绵延在黄山与长江之间多山多岭、青苍湿润的环境之中。茶农采摘祁门红茶鲜叶（见图 3-44）。

图 3-44　茶农采摘祁门红茶鲜叶

祁门红茶（见图 3-45）最早出产自清朝光绪年间。1875 年前后，有黟县人余干臣自福建罢官归田，开设茶庄，从福建的茶农手中偷师，发现改变发酵技法，多添发酵程序，便能将茶汤化为红色，就此学会了红茶的制作与品鉴办法。制作红茶的手法传播到余干臣的故乡四邻，祁门县茶农便烘制出了此后享誉世界的祁门红茶。

祁门红茶味道偏向清淡，放眼国内与国际都属于较淡的红茶，但不减其丰富、细腻的茶香。"祁红"常常具有明媚的花香与果香，根据产地位置、产出时间、存储方式的不同，还会有酒、松木与很淡的烟熏气息，加之颜色清亮，发色浓郁，在杯中如同琥珀剔透，更能显出品质的上乘。

祁门红茶与印度东部西孟加拉邦产出的大吉岭红茶、阿萨姆邦产出的阿萨姆红茶、斯里兰卡产出的锡兰红茶并称世界四大红茶。综合对比，祁门红茶香气适中，有深沉的松木气息和花果香味，但不苦涩，亦没有大吉岭红茶过度的明丽绚烂，这种独特、内敛、宛如中国茶农品性的香气，被称为"祁门香"。

图 3-45　祁门红茶

说起祁门红茶的分类，最著名、最传统的当属祁门工夫红茶，以其浓郁的"祁门香"和在各种类中较为醇厚、质朴的口感著称。

祁红香螺（见图3-46）是外形最为特殊的创新祁门红茶，其外形通过控温做形，呈螺状卷曲，同时香气不减，因此得名"香螺"。祁红香螺比传统的祁门工夫红茶发酵更轻，色泽乌黑润泽，有金毫，汤色更加清透、明亮，香甜绵长，清爽宜人。从香气来看，祁红香螺的香气则更重花香，没有典型的花、果、蜜纠缠，但更易为人接受。

祁红毛峰（见图3-47）借鉴了毛峰茶的造型和手法，发酵后不精制，不特意控温做形，直接烘干，便体现出毛峰的弯曲、紧致、结实。上好的祁红毛峰紧结弯曲露毫，色泽乌润，显锋苗，造型均整，净度上乘。祁红毛峰回甘鲜甜，口感纯正，汤色红艳，叶底红亮匀齐柔嫩。

祁红金针（见图3-48）也叫"祁眉"，全身都显露金毫，风格类似于正山小种茶中的金骏眉。

图 3-46　祁红香螺　　　　图 3-47　祁红毛峰　　　　图 3-48　祁红金针

二、祁门红茶冲泡

（一）赏茶

赏茶（见图3-49）。祁门红茶外形条索紧细匀整，锋苗秀丽，色泽乌润，俗称"宝光"。

图 3-49　赏　茶

（二）烫壶

烫壶（见图 3-50）。用热水提高茶壶的温度，这样能够增强茶香。

图 3-50 烫 壶

（三）投茶

投茶（见图 3-51）。祁门工夫红茶也被誉为"王子茶"，所以，这一步也称王子入宫。

图 3-51 投 茶

（四）悬壶高冲

悬壶高冲（见图 3-52）。冲泡红茶要用沸水，悬壶高冲会使茶香更浓，滋味更纯。

图 3-52 悬壶高冲

（五）烫杯

烫杯（见图3-53）。用烫壶的水继续烫杯，提高所有茶具的温度。

图3-53　烫　杯

（六）分茶

分茶（见图3-54）。利用公道杯均匀茶汤，然后倒入每个小杯中，这样会使所有嘉宾得到色、香、味一致的茶汤。

图3-54　分　茶

（七）敬奉香茗

敬奉香茗（见图3-55）。祁门红茶香气浓郁高长，香气甜润中蕴藏着一股兰花之香，被誉为祁门香。

图3-55　敬奉香茗

（八）闻香

闻香（见图 3-56）。

图 3-56　闻　香

（九）鉴色

鉴色（见图 3-57）。

图 3-57　鉴　色

（十）品味

品味（见图 3-58）。

图 3-58　品　味

三、祁门红茶文化

祁门红茶，是中国极品名茶，也是我国著名的工夫红茶。自 1875 年问世以来，已三次荣膺国际金质大奖，1915 年获得巴拿马万国博览会金奖，享有"茶中英豪""群芳最"等美称。"祁门红茶"条索苗秀，色泽乌润，香气清高持久，似果香，又似蕴藏着兰花香，在国际茶市上称为"祁门香"，其滋味鲜醇酣厚。单独泡饮好喝，加入牛奶和糖调饮，也很可口，香味不减。祁门红茶茶汤（见图 3-59）。它与印度的大吉岭红茶、斯里兰卡的乌伐红茶并称为世界三大高香红茶。

图 3-59　祁门红茶茶汤

任务七　普洱熟茶冲泡法

普洱熟茶冲泡法

一、普洱茶鉴赏

普洱茶因产地旧属云南普洱府（今普洱市），故得名。普洱茶是云南特有的地理标志产品，是以地理标志保护范围内的云南大叶种晒青茶为原料，并在地理标志保护范围内，采用特定的加工工艺制成，具有独特品质特征的茶叶。按其加工工艺可以分为生茶和熟茶两种类型。

云南大叶种（见图 3-60）是分布于云南省茶区的各种乔木型、小乔木型大叶种茶树品种的总称。茶树生于海拔 1200 ～ 1400 米的亚热带、热带山地森林中。这里终年气候温暖，冬无严寒，夏无酷暑，雨量充沛，湿度大，光照量多质好，所产茶叶品质优异。

图 3-60　云南大叶种茶树

　　普洱茶按加工工艺及品质特征分为普洱茶（生茶）和普洱茶（熟茶）两种类型。按外观形态普洱茶有散茶和紧压茶之分。

　　普洱茶（生茶）（见图 3-61）以符合普洱茶产地环境条件下生长的云南大叶种鲜叶加工成的晒青毛茶为原料，经原料拼配、筛分、半成品拼配、蒸压、干燥、包装等工序加工而成。要求外形匀称端正、压制松紧适度、不起层脱面。其品质特征：外形色泽墨绿，香气清纯持久，滋味浓厚回甘，汤色绿黄清亮，叶底肥厚黄绿。

图 3-61　普洱茶（生茶）

　　普洱茶（熟茶）（见图 3-62）是以符合普洱茶产地环境条件的云南大叶种晒青茶为原料，采用特定工艺，经后发酵（快速后发酵或缓慢后发酵）加工形成的散茶和紧压茶。其品质特征：外形色泽红褐，内质汤色红浓明亮，香气独特陈香，滋味醇厚回甘，叶底红褐。

图 3-62 普洱茶（熟茶）

"越陈越香"被公认为是普洱茶区别其他茶类的最大特点，普洱茶是"可入口的古董"，不同于别的茶贵在新，普洱茶贵在"陈"，往往会随着时间逐渐升值。

品鉴普洱茶，重点可以依次参照以下几个方面。

看外观：主要看匀整度、松紧度、色泽、嫩度、匀净度等，看形态是否端正，棱角是否整齐，条索是否清晰，有无起层落面。茶条索清晰，无起层落面、掉边，松紧适度，有"泥鳅"边，属于优质茶。

闻茶香：在品饮过程中主要采取热嗅和冷嗅的方法。优质的云南普洱散茶的干茶陈香显露，优质的热嗅香气显著浓郁且纯正，冷嗅香气悠长，有一种很甜爽的味道。质次的则香气低，有的夹杂酸味、馊味、铁锈水味或其他杂味，也有的是"臭霉味""腐败味"。

看汤色：主要看汤色的深浅、明亮，优质的云南普洱紧压茶泡出的茶汤汤色明亮，滋味醇厚、滑顺、润喉、回甘，舌根生津。质次的普洱茶则滋味平淡，不滑顺，不回甘，舌根两侧感觉不适，甚至产生涩麻感，而且茶汤欠明亮，往往还会有尘埃状或絮状物悬浮其中，有的色泽乌黑。

看叶底：主要是看叶底色泽、叶质，看泡出来的叶底完不完整，是不是还维持柔软度和光亮度。优质的普洱茶色泽褐红、匀亮，花杂少，叶张完整，叶质柔软，不腐败，不硬化；质次的则色泽复杂、发乌欠亮，或叶质腐败、硬化。

另外，鉴别云南普洱紧压茶的质量还要注意是否内外品质如一，是不是那种好茶在外、茶渣在内的盖面茶或撒面茶。此外，在判定普洱茶的年份方面，五年以上陈茶在市面上已经不多，一般陈期五到十年的甘醇气味较重，汤色清亮，口感好；一到三年的则气味平平，略带生味、水味或青味。

二、普洱茶冲泡

（一）赏茶

赏茶（见图 3-63）。选用的是散普洱茶。

图 3-63 赏 茶

（二）烫具

烫具（见图 3-64）。用沸水淋壶，主要起到温壶温杯的作用，同时可以涤具。

图 3-64 烫 具

（三）投茶

投茶（见图 3-65）。将普洱茶置入壶中。

图 3-65 投 茶

（四）润茶

润茶（见图 3-66）。沸水置入壶中并快速倒入公道杯。

图 3-66　润　茶

（五）冲泡

冲泡（见图 3-67）。采用悬壶高冲的手法，将水注满，并刮去浮沫。

图 3-67　冲　泡

（六）净杯

净杯（见图 3-68）。将品茗杯和公道杯中的水倒干净。用时 1 分钟左右。

图 3-68　净　杯

（七）分茶

分茶（见图 3-69）。将壶中的茶汤过滤到公道杯中，使茶汤均匀，再分别倒入小杯中。

图 3-69 分 茶

（八）品茶

品茶（见图 3-70）。此时的茶汤如红酒般艳丽，汤面上白色的雾气腾起。

图 3-70 品 茶

三、品饮特点

茶汤入口，稍停片刻，细细感受茶的醇度；滚动舌头，使茶汤游过口腔中的每一个部位，浸润所有的味蕾（不同部位的味蕾感觉出的茶汤的滋味通常是不相同的），体会普洱茶的润滑和甘厚；入咽时可领悟普洱茶的顺柔和陈韵。

四、普洱茶文化

普洱茶产于云南省，古今中外负有盛名。普洱茶生产历史悠久，据南宋李石《续博物志》记载："西藩之用普茶，已自唐朝。"西藩是指居住在康藏地区的兄弟民族，普茶就是普洱茶。可见早在唐代就有普洱茶的贸易了。清代赵学敏在《本草纲目拾遗》中写道："普洱茶出云南普洱府,产他乐、革登、倚……六茶山。"普洱府即现在的普洱市,是当时滇南的重镇,周围各地所产茶叶运至普洱府集中加工,再运销康藏各地,普洱茶因此得名。现在,云南西双版纳、思茅等地仍盛产普洱茶。

任务八　茉莉花茶冲泡法

一、茉莉花茶鉴赏

茉莉花茶(见图3-71)不但具有茶特有的清香,还带有馥郁的茉莉花香。作家冰心曾在《茶的故乡和我故乡的茉莉花茶》中写道:"一杯浅橙黄色的明亮的茉莉花茶,茶香和花香融合在一起,给人带来了春天的气息。啜饮之后,有一种不可言喻的鲜爽愉快的感受,健脑而清神,促使文思流畅。"

茉莉花茶采用表面组织结构疏松多孔、吸香性能好的烘青绿茶做茶坯,用含苞欲放的茉莉花花蕾与其拌拼窨制而成。所谓"窨制",就是让茶坯吸收花香的过程,须经茶坯处理、鲜花养护、茶花拌和等数十道精细工序,方能"窨得茉莉无上味,列作人间第一香"。

图3-71　茉莉花茶

传统窨制是茉莉花茶窨制过程中的主导工艺。其主要工序为茶坯处理、鲜花养护、拌和窨制、匀堆装箱等流程。以常见的"三窨一提"为例,茉莉花茶窨制流程主要分为茶坯处理、鲜花养护、茶花拌和、静置窨花、通花、收堆续窨、起花(茶花分离)、烘焙、转窨或提花、匀堆装箱等十道工序。整个流程时长需要半月左右。制作者一般在正式窨制之前,会使用少量的白兰花打底,增强茉莉花的香气浓度。窨制过程中,会按照各个级别对茶坯进行时间、水分、湿度等条件因素的灵活控制。这一过程中,一个窨次会有一个窨次的制作要求,每个窨次流程中对温度、湿度、鲜花浓度、时间长度等因素的要求都有所区别。

二、茉莉花茶冲泡

（一）第一泡

1. 烫杯

烫杯（见图 3-72）。泡茶前给玻璃杯升温，有利于茶汁的迅速浸出。

图 3-72 烫 杯

2. 赏茶

赏茶（见图 3-73）。花茶属于绿茶的再加工茶，又称香片。

图 3-73 赏 茶

3. 净杯

净杯（见图 3-74）。将涤烫玻璃杯的热水倒出。

图 3-74 净 杯

4. 投茶

投茶（见图 3-75）。花茶讲究香醇，茶与水的比例为 1 ∶ 50。

图 3-75 投 茶

5. 温润泡

温润泡（见图 3-76）。先注水少许，温润茶芽。

图 3-76 温润泡

6. 冲水

冲水（见图 3-77）。沸水悬壶高冲，使茶叶在杯中上下翻腾，加速茶汁的浸出。

图 3-77 冲 水

7. 奉茶

奉茶（见图 3-78）。将冲泡好的茶汤敬奉给客人品饮。

图 3-78 奉 茶

8. 品茶

品茶（见图 3-79）。花茶的第一泡香气浓郁优雅，口感柔和，汤色淡黄而明亮。

图 3-79 品 茶

（二）第二泡

当花茶饮到还剩三分之一时，要用沸水采用悬壶高冲的手法续水至七分满。此时茶汤更加浓郁，香气也较为明显。

（三）第三泡

续水的方法同第二泡，此时的茶汤需要浸泡的时间相对延长，待汤色渐浓后再饮用。滋味和香气都有所下降，一般花茶能冲泡三至四泡。

三、品饮特点

福建茉莉花茶外形秀美，毫峰显露，香气浓郁，鲜灵持久，泡饮鲜醇爽口，汤色黄绿明亮，叶底匀嫩晶绿，经久耐泡，不仅为良好的高香饮料，且有一定的药理功效。

四、茉莉花茶文化

福建的茉莉花茶历史悠久，早在16世纪即有制作此茶的记载。清咸丰年间（1851—1861年）已大量生产。中华人民共和国成立后，福建茉莉花茶的产量、质量不断提高。1987年以来，在省、部及全国花茶评比会上，有20多个品种，获奖30余次。1982年，宁德天山茉莉银毫、特级茉莉花茶，福州明前二、三四级，政和二、三级分获商业部优质产品称号。福州闽毫茉莉花茶及寿宁福寿银毫分别于1978、1986年被评为全国名茶。1985年6月和1986年10月在巴黎举办的国际美食旅游协会评奖会上，福建的茉莉花茶和福建新芽牌茉莉花茶袋泡茶，相继分获金桂奖。1990年由商业部召开的全国名茶评选会上，由福州茶厂生产的罗星塔牌茉莉闽毫和寿宁县茶厂生产的福寿牌福寿银毫分别被评为全国名茶。福建茉莉花茶不仅销往北方地区，还出口港澳地区和东南亚各国。

【名茶故事】

茉莉花茶的传说

很早以前北京茶商陈古秋同一位品茶大师研究北方人喜欢喝什么茶，陈古秋忽想起有位南方姑娘曾送给他一包茶叶未品尝过，便寻出请大师品尝。冲泡时，碗盖一打开，先是异香扑鼻，接着在冉冉升起的热气中，看见有一位美貌姑娘，两手捧着一束茉莉花，一会工夫又变成了一团热气。陈古秋不解就问大师，大师说："这茶乃茶中绝品'报恩茶'。"陈古秋想起三年前去南方购茶在客店遇见一位孤苦伶仃的少女的经历，那少女诉说家中停放着父亲的尸身，无钱殡葬，陈古秋深为同情，便取了一些银子给她。三年过去，今春又去南方时，客店老板转交给他这一小包茶叶，说是三年前那位少女交送的。当时未冲泡，谁料是珍品。"为什么她独独捧着茉莉花呢？"两人又重复冲泡了一遍，那手捧茉莉花的姑娘又再次出现。陈古秋一边品茶一边悟道："依我之见，这是茶仙提示，茉莉花可以入茶。"次年便把茉莉花加到茶中，从此便有了一种新茶类——茉莉花茶。

项目四　茶艺礼仪与接待

任务一　茶艺礼仪

茶艺礼仪

中国素有"礼仪之邦"的美称，自古以来，礼仪在人们的社会生活中一直处于重要的地位。茶艺礼仪是指在茶事活动中形成的，并得到茶人共同认可的礼节、礼貌和仪式，是对茶事活动中所形成的各种礼仪关系的概括和反映。其目的是使参与者感到亲切、舒适自如，从而更好地树立茶艺人员的形象。茶艺中的礼节指鞠躬、伸掌、奉茶、鼓掌等。礼貌是茶艺活动中容貌、服饰、表情、语言、举止等谦逊、恭敬态度的外在表现，贯穿于人的言、听、视、动的整个过程之中。茶艺礼仪要求茶艺活动的参与者讲究仪容仪态，注重整体仪表的美。其中，仪容包括服装、容貌、修饰和整洁程度等，应具有的一定要求；仪态包括姿态和风度，是人的所有行为举止的反映。

一、礼节

礼节是指人们在交际过程和日常生活中，相互表示尊重、友好、祝愿、慰问以及给予必要的协助与照料的惯用形式，它实际上是礼貌的具体表现方式。礼节主要包括待人的方式、招呼和致意的形式、公共场所的举止和风度等。茶艺礼仪（见图4-1）是茶文化中重要的内容。

图4-1　茶艺礼仪

在茶艺活动中，注重礼节，互致礼貌，表示友好与尊重，不仅能体现个人良好的修养，同时还能带给别人愉悦的心理感受。茶艺中的常用礼节主要有伸掌礼、叩手礼、寓意礼、握手礼、鞠躬礼等。

（一）伸掌礼

伸掌礼（见图4-2）。这是茶艺表演中用得最多的示意礼。当主泡与助泡之间协同配合时，主人向客人敬奉各种物品时常用此礼，意思为"请""谢谢"。当两人相对时，可伸右手掌对答表示，若侧对时，右侧方伸右掌，左侧方伸左掌对答表示。

图4-2 伸掌礼

伸掌礼动作要领：五指并拢，手心向上，伸手时要求手略斜并向内凹，手心中要有含着一个小气团的感觉，手腕要含蓄有力，同时欠身并点头微笑，动作要一气呵成。

（二）叩手礼

叩手礼（见图4-3）。此礼是从古时中国的叩头礼演化而来的，古时叩头又称叩首，以"手"代"首"，这样，"叩首"为"叩手"所替代。早先的叩手礼是比较讲究的，必须屈腕握空拳，叩指关节。随着时间的推移，逐渐演化为将手弯曲，用几个指头轻叩桌面，以示谢忱。

图4-3 叩手礼

叩手（指）礼动作要领：

①长辈或上级给晚辈或下级斟茶时，晚辈或下级必须用双指做跪拜状叩击桌面两三下；

②晚辈或下级为长辈或上级斟茶时，长辈或上级只需用单指叩击桌面两三下表示谢谢；

③同辈之间敬茶或斟茶时，单指叩击（见图4-4）表示我谢谢你。双指叩击表示我和我先生（太太）谢谢你，三指叩击表示我们全家人都谢谢你。

图 4-4 单指叩击

（三）寓意礼

寓意礼（见图4-5）。在长期的茶事活动中，形成了一些寓意美好祝福的礼节动作。在冲泡时不必使用语言，宾主双方就可进行沟通。

图 4-5 寓意礼

常见寓意礼的动作要领：

①凤凰三点头：用手高提水壶，让水直泻而下，接着利用手腕的力量，上下提拉注水，反复三次，让茶叶在水中翻动，寓意是向客人三鞠躬以示欢迎；

②回旋注水：在进行烫壶、温杯、温润泡茶、斟茶等动作时，若用右手必须按逆时针方向，若用左手则必须按顺时针方向回旋注水，类似于招呼手势，寓意"来！来！来！"表示欢迎，反之则变成挥手"去！去！去！"的意思。

（四）握手礼

握手强调"五到"，即身到、笑到、手到、眼到、问候到。握手时，伸手的先后顺序：贵宾先、长者先、主人先、女士先。

握手礼（见图4-6）。握手礼的动作要领：握手时，距握手对象约1米，上身微向前倾斜，面带微笑，伸出右手，四指并拢，拇指张开与对象相握，眼睛要平视对方的眼睛，同时寒暄问候。握手时间一般以3～5秒为宜，握手力度适中，上下稍许晃动三四次，随后松开手来，恢复原状。

图 4-6 握手礼

握手的禁忌：
①拒绝他人的握手；
②用力过猛；
③交叉握手；
④戴手套握手；
⑤握手时东张西望。

（五）鞠躬礼

鞠躬礼（见图4-7）。鞠躬礼有站式鞠躬、坐式鞠躬和跪式鞠躬三种，且根据鞠躬的弯腰程度可分为"真礼""行礼""草礼"三种。"真礼"用于主客之间，"行礼"用于客人之间，"草礼"用于说话前后。

图 4-7 鞠躬礼

①站式鞠躬。"真礼"以站姿为预备，然后将相搭的两手渐渐分开，贴着两大腿下滑，手指尖触到膝盖上沿为止，同时上半身由腰部起倾斜，头、背与腿呈近90°的弓形（切忌只低头不弯腰，或只弯腰不低头），略作停顿，表示对对方真诚的敬意，然后，慢慢直起上身，表示对对方连绵不断的敬意，同时手沿腿上提，恢复原来的站姿。鞠躬要与呼吸相配合，弯腰下倾时吐气，身直起时吸气，使人体背中线的督脉和脑中线的任脉进行小周天的循环。行礼时的速度要尽量与别人保持一致，以免尴尬。"行礼"要领与"真礼"相同，仅双手至大腿中部即可，头、背与腿约呈120°的弓形。"草礼"只需将身体向前稍作倾斜，两手搭在大腿根部即可，头、背与腿约呈150°的弓形，余同"真礼"。

②坐式鞠躬。若主人是站立式，而客人是坐在椅（凳）上的，则客人用坐式答礼。"真礼"以坐姿为准备，行礼时，两手沿大腿前移至膝盖，腰部顺势前倾，低头，但头、颈与背部呈平弧形，稍作停顿，慢慢将上身直起，恢复坐姿。"行礼"则将两手沿大腿移至中部，余同"真礼"。"草礼"只将两手搭在大腿根，略欠身即可。

③跪式鞠躬。"真礼"以跪坐姿为预备，背、颈部保持平直，上半身向前倾斜，同时双手从膝上渐渐滑下，全手掌着地，两手指尖斜相对，身体倾至胸部与膝间只剩一个拳头的空档（切忌只低头不弯腰或只弯腰不低头），身体呈45°前倾，稍作停顿，慢慢直起上身。同样行礼时动作要与呼吸相配合，弯腰时吐气，直身时吸气，速度与他人保持一致。"行礼"方法与"真礼"相似，但两手仅前半掌着地（第二手指关节以上着地即可），身体约呈55°前倾；行"草礼"时仅两手手指着地，身体约呈65°前倾。

二、姿态

姿态是身体呈现的样子。从中国传统的审美角度来看，人们推崇姿态的美高于容貌之美。古典诗词文献中用"一顾倾人城，再顾倾人国"形容一位绝代佳人，顾即顾盼，是秋波一转的样子。或者说某一女子有林下之风，就是指她的风姿迷人，不带一丝烟火气。茶艺中的姿态也比容貌重要，需要从坐、跪、站、行等几种基本姿势练起。

（一）坐姿

茶艺中正确的坐姿（见图4-8）给人以端庄、优美的印象。对坐姿的基本要求是端庄稳重、娴雅自如，注意四肢协调配合。坐在椅子或凳子上，必须端坐中央，占据三分之二的面积，不可全部坐满。双腿膝盖至脚踝并拢，上身挺直，双肩放松；头上顶，下颌微敛，舌抵下颚，鼻尖对肚脐；女性双手搭放在双腿中间，左手放在右手上，男性双手可分搭于左右两腿侧上方。全身放松、思想安定、集中，姿态自然、美观，切忌两腿分开或跷二郎腿还不停抖动、双手搓动或交叉放于胸前、弯腰弓背、低头等。如果是客人，也应采取上述坐姿。若坐在沙发上，由于沙发离地较近，端坐使人不适，则女性可正坐，两腿并拢偏向一侧斜伸（坐一段时间累了可换另一侧），双手仍搭在两腿中间；男性可将双手搭在扶手上，两腿可架成二郎腿但不能抖动，且双脚下垂，不能将一条腿横搁在另一条腿上。

图 4-8 坐 姿

（二）跪姿

在进行茶道表演的国际交流时，日本和韩国习惯采取席地而跪的方式，另外如举行无我茶会时也用此种姿势。

①跪坐。双膝跪于座垫上，双脚背相搭着地，臀部坐在双脚上，腰挺直，双肩放松，向下微收，舌抵上颚，双手搭放于前，女性左手在下，男性反之。

②盘腿坐。男性除正坐外，可以盘腿坐，将双腿向内屈伸相盘，双手分搭于两膝，其他姿势同跪坐。

③单腿跪蹲。右膝与着地的脚呈直角相屈，右膝盖着地，脚尖点地，其余姿势同跪坐。客人坐的桌椅较矮或跪坐、盘腿坐时，主人奉茶则用此姿势；也可视桌椅的高度，采用单腿半蹲式，即左脚向前跨一步，膝微屈，右膝屈于左脚小腿肚上。

（三）站姿

在单人负责一种花色品种冲泡时，因要多次离席，让客人观看茶样、奉茶、奉点等，忽坐忽站不甚方便，或者桌子较高，下坐操作不便，均可采用站式表演。另外，无论用哪种姿态，出场后，都得先站立后再过渡到坐或跪等姿态，因此，站姿好比舞台上的亮相，十分重要。站姿（见图4-9）应该双脚并拢，身体挺直，头上顶，下颌微收，眼平视，双肩放松。女性双手虎口交叉（右手在左手上），置于胸前。男性双脚呈"外八"字微分开，身体挺直，头上顶，上颌微收，眼平视，双肩放松，双手交叉（左手在右手上），置于小腹部。

图4-9 站 姿

（四）行姿

　　行姿（见图4-10）。女性为显得温文尔雅，可以将双手虎口相交叉，右手搭在左手上，提放于胸前，以站姿作为准备。行走时移动双腿，跨步脚印为一直线，上身不可扭动摇摆，保持平稳，双肩放松，头上顶，下颌微收，两眼平视。男性以站姿为准备，行走时双臂随腿的移动可以在身体两侧自由摆动，余同女性姿势。转弯时，向右转则右脚先行，反之亦然。出脚不对时可原地多走一步，待调整好后再直角转弯。如果到达客人面前时为侧身状态，需转身，正面与客人相对，向前跨两步进行各种茶道动作，当要回身走时，应面对客人先退后两步，再侧身转弯，以示对客人的尊敬。

　　男士穿长衫时，要注意挺拔，保持后背平整，尽量突出直线；女士穿旗袍时也要求身体挺拔，胸微挺，下颌微收，不要塌腰撅臀。走路的幅度不宜过大，脚尖略外开，两手臂摆动幅度不宜太大，尽量体现柔和、含蓄、妩媚、典雅的风格；穿长裙时，行走要平稳，步幅可稍大些。转动时要注意头和身体的协调配合，尽量不使头快速转动，要注意保持整体造型美，显出飘逸潇洒的风姿。

图4-10 行 姿

三、风度

风度是在人际交往过程中，一个人的心理素质和修养，通过神态、仪表、言谈、举止表现出来的综合特征，是内在素质、外部形象和精神风貌的高度统一。风度可以使人在视觉上、感觉上产生强烈印象，优雅的风度可以产生强大的形象魅力。人的性别、气质、性格、修养、生活实践、行为习惯不同，使得人的风度也不尽相同。

良好的风度是靠良好的道德修养、文化素质和综合能力支撑的。人之美有两种类型，一种是外在的形貌美，另一种是内在的心灵美。风度美是人的内在美与外在美的和谐统一的体现。虽然人的外在美和内在美具有相对独立的审美价值，但具有风度美的人，其外在美与内在美一定是共同存在的，既容貌端正、仪表堂堂、体态健美，又品德高尚、为人正直、积极向上。

在茶艺活动中，各种动作均要求有美好的举止。一位茶艺表演者的风度良莠，主要看其动作的协调性。只有心、眼、手、身相随，协调一致，意气相合，泡茶才能进入"修身养性"的境地。同时，茶艺中的每一个动作都要灵活、柔和、连贯，而动作之间又要有起伏、虚实、节奏，使观者能深深体会其中的韵味。

四、仪容

仪容，通常是指人的外观、外貌，其中的重点则是指人的容貌。茶艺礼仪要求仪容自然美、修饰美、内在美三者结合。在这三者之间，仪容的自然美是人们的心愿，仪容的内在美是最高境界，而仪容的修饰美则是仪容礼仪关注的重点。要做到仪容修饰美，自然要注意修饰。修饰仪容的基本规则是美观、整齐、卫生、得体，通常从面容、发型、手部、服饰等方面做起。

（一）面容

面容要求清新健康，平和放松，微笑，不化浓妆，不喷香水，牙齿洁白整齐。修饰面容，首先要做到面必洁，使之干净清爽、无汗渍、无油污、无其他任何不洁之物。若感到自己的眉形刻板或不雅观，可进行必要的修饰。保持牙齿洁白，口腔无异味。男士应及时剃去胡须。

（二）发型

由于茶艺具有厚重的传统文化因素，在茶艺表演中，发型（见图4-11）大多应具有传统、民俗与自然的特点，如中国人多数是黑发、少卷、女长发、男短发，若染成黄发、金发，或烫卷发，或女士剪成短发，男士留长发则缺少传统意蕴。发型原则上要根据自己的脸型进行设计，适合自己的气质，给人舒适、整洁、大方的感觉。头发不论长短，都要按泡茶时的要求进行梳理，头发不要挡住视线，长发盘起，不染发。

图 4-11 发 型

（三）手部

在人们的日常生活、工作以及人际交往中，手往往充当"先行官"的角色，毫不吝啬地将人的一切展现于众。作为茶艺人员，首先要有一双修长、流畅、细腻、整洁的手（见图 4-12）。女士纤小结实，男士浑厚有力。平时注意保养，要勤修指甲，指甲无污物，随时保持清洁光亮。此外，参加茶艺活动时，不戴首饰，手指干净，不宜涂抹指甲油。

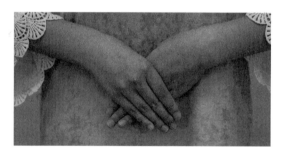

图 4-12 手 部

（四）服饰

服装要求新颖、淡雅、合体，袖口不宜过宽，款式可选择富有中国特色的服装。泡茶时一般不佩戴饰物，少数民族可佩戴民族饰品，以不影响泡茶为准。服装要与环境、茶具、茶艺表演内容相匹配，体现出内在文化素养。

五、语言

语言要有规范，多用敬语、谦让语、郑重语。美学家朱光潜说："话说得好就会如实达意，使听者感到舒适，产生美的感受，这样的话就成了艺术。"进行茶艺活动时，通常主客一面，冲泡者就应落落大方又不失礼貌地自报家门。冲泡开始前，应简要介绍一下所冲泡茶叶的名称以及这种茶的文化背景、产地、品质特征、冲泡要点等；但介绍内容不宜过多，语句要精练，用词要正确，否则会冲淡气氛。在冲泡过程中，对每道程序，用一两句话加以说明，特别是对一些带有寓意的操作程序，更应及时指明，起到画龙点睛的作用。

任务二　茶艺接待

茶艺接待

一、接待准备

接待准备工作是茶艺馆为宾客提供优质服务的前提，包括环境的准备、用具的准备、人员的准备三个方面。

（一）环境的准备

中国人既然把饮茶看做一种艺术，那么，饮茶的环境便要十分讲究。品茗喝茶，除了要有好的茶叶、好的茶具、好的水、好的泡茶技艺之外，品茗环境的准备也是重要的因素。茶艺馆的布置、陈列要讲求情调。茶将人带到对人生进行沉思默想的境界，茶象征着纯洁，令人有飘飘欲仙之感。因此，品茶的厅堂陈设通常讲究古朴、雅致、简洁、气氛悠闲，富于文化气息，芬芳满室，清雅宜人。来到茶室，则进入宁静而安逸、超凡脱俗、高雅闲适的境地。

茶艺馆外观追求典雅别致，内部装饰和桌椅陈设力求幽静、雅致。四壁或柱上悬挂书画或雕刻，在适当的位置摆放盆景、插花、古玩和工艺品，还可以摆设书籍、文房四宝以及乐器和音响。品茗环境除追求"净""雅""洁"之外，还要注意光线的柔和、空气的流通，另外，还要注意准备茶台、陈列柜（也称百宝格）、茶桌、茶椅等主要用具。此外，注意以下几点：做好茶艺馆大厅、单间内外的卫生清洁工作；整理茶艺馆内的挂画、插花、陈列品等装饰物；点香、播放音乐，营造幽雅平静的氛围。

（二）用具的准备

"工欲善其事，必先利其器"，芬芳馥郁的茶叶配上质优、雅致的茶具，更能衬托茶汁的颜色，保持浓郁的茶香。精致的茶具是一件艺术品，既可沏茶品茗，又能使人从中得到美的享受，增添无限的情趣。因此，要根据服务接待的需要，准备好各种服务及泡茶用具。

（三）人员的准备

在茶艺服务人员做好环境及用具的准备工作的同时，自身的准备也是必不可少的。茶艺馆的服务是很讲究的，不仅要求茶艺服务人员有良好的文化素质、丰富的茶叶知识，以及专业的泡茶技巧，个人的仪容、仪表也非常重要。

二、接待程序

（一）迎接宾客

迎宾员站在门口迎接宾客，面带笑容，当客人进入茶艺馆时，致以"您好，欢迎光临"的问候。

（二）引导领位

对宾客说"请这边走"，并在宾客左前方二三步处引领客人，根据宾客人数，将不同的宾客安排到适当的、客人满意的座位上。针对客人的要求回答问题及进行介绍。

（三）递送茶单

使用托盘将茶单递送给客人，耐心等待宾客的吩咐。适时为客人介绍茶叶（包括名称、产地、价格等），由宾客自行选定。在此过程中，服务人员应有技巧地进行推销。

（四）为客泡茶

无论哪种茶叶，都要在宾客面前进行表演，事先要准备好茶叶、茶具、水，按规定进行沏茶表演。

（五）结账收款

当宾客提出结账时，双手用托盘递上账单，请宾客查核消费款项有无出入。收款时无论客人消费多少，都应彬彬有礼。

（六）礼貌送客

客人离开时，提醒客人检查随身物品是否带走，热情送客，并欢迎再次光临。必要时，可征询客人对服务的满意程度。

三、接待礼仪与技巧

茶艺馆既是宾客进行休息的场所，宾客在工作之余来此休息，香茗和悠悠古乐能使他们消除疲劳、振奋精神；茶艺馆也是交际场所，从事商业活动的人常常喜欢在这幽静的环境里洽谈生意，一些公司或团体有时也特意选择在这样的气氛中座谈；茶艺馆还是私人聚会的好场所，人们常常乐意到这里来招待亲朋好友；年轻的情侣更热衷于在这优雅的环境里约会。为了烘托茶艺馆温馨的气氛，茶艺服务人员在为宾客提供良好服务时，接待的礼仪与技巧显得尤为重要。作为一名茶艺服务人员在接待宾客时要注意以下问题：

①上岗前，要做好仪表、仪容的自我检查，做到仪表整洁、仪容端正。

②上岗后，要做到精神饱满、面带微笑、思想集中，随时准备接待每一位来宾。

③宾客进入茶艺馆时要笑脸相迎，并致以亲切的问候，通过美好的语言表达和可亲的面容表情使宾客一进门就感到心情舒畅，同时将不同的宾客引领到能使他们满意的座位上。

④如果一位宾客再次光临时又带来了几位新宾客，那么对这些宾客要像对待老朋友一样，应特别热情地招呼接待。

⑤恭敬地向宾客递上清洁的茶单，耐心地等待宾客的吩咐，仔细地听清、完整地记录宾客提出的各项具体要求，必要时向宾客复述一遍，以免出现差错。

⑥留意宾客的细小要求，如"茶叶用量的多少"等问题，一定要尊重宾客的意见，严格按宾客的要求去做。

⑦当宾客对饮用什么茶或选用什么茶食拿不定主意时，可热情礼貌地推荐，使宾客感受到周到的服务。

⑧在为宾客行茶时，要讲究操作举止的文雅、态度的认真和茶具的清洁，不能举止随便、敷衍了事。

⑨在服务中，如需与宾客交谈，要注意适当、适量，不能忘乎所以，要耐心倾听，不与宾客争辩。

⑩工作中，要注意站立的姿势和位置，不要趴在茶台上或和其他服务员聊天，这是不礼貌的行为。

⑪宾客之间谈话时，不要侧耳细听；在宾客低声交谈时，应主动回避。

⑫宾客有事招呼时，不要紧张地跑步上前询问，也不要漫不经心。

⑬宾客示意结账时，要双手递上放在托盘里的账单，请宾客核查款项有无出入。

⑭宾客赠送小费时，要婉言拒绝，自觉遵守纪律。

⑮宾客离去时，要热情相送，表示欢迎他们再次光临。

四、交谈礼仪与技巧

茶艺服务人员在服务接待工作过程中，要向宾客提供面对面的服务，而与宾客进行交谈便成为茶艺服务的一部分，要体现茶艺馆主动、热情、耐心、周到、温馨的服务，茶艺服务人员必须注重与宾客交谈时的礼仪与技巧。具体需注意以下几点：

①与宾客对话时，应站立并始终保持微笑。

②用友好的目光关注对方，表现出自己思想集中、表情专注。

③认真听取宾客的陈述，及时察觉对方对服务的要求，以表示对宾客的尊重。

④无论宾客说出来的话是误解、投诉还是无知可笑，也无论宾客说话时的语气多么严厉或不讲人情甚至粗暴，都应耐心、友善、认真地听取。

⑤即使在双方意见各不相同的情况下，也不能在表情和举止上流露出反感、蔑视之意，只可婉转地表达自己的看法，而不能当面提出否定的意见。

⑥听话过程中不要随意去打断对方的谈话，也不要随意插话辩解。

⑦听话时要适当做出一些反应，不要呆若木鸡，可边微笑边点头倾听，同时还可以说"哦""我们会留意这个问题"等话作陪衬、点缀，表明你在用心听，但这并不说明双方的意见完全一致。

除此之外，茶艺服务人员还可以用关切的询问、征求的态度、提议的问话和有针对性的回答来加深与宾客的交流和理解，有效地提高茶艺馆的服务质量。

项目五　茶艺创作与表演

任务一　茶席设计

这里所讲的茶席，是以茶为灵魂，以茶具为主体，在特定的空间形态中与其他的艺术形式相结合，所共同完成的一个有独立主题的茶道艺术组合整体。因此，它不仅具备实际功能，还强调茶席的审美功效，是实用与审美功能的完美结合。

一、茶席的配备

（一）茶

茶是茶席设计的灵魂，也是茶席设计的物质和思想基础。茶是茶席设计的首要选择。因茶而产生的设计理念往往会构成茶席设计的主要线索。以茶为主题的茶席（见图5-1）在茶席设计中最为常见。

图 5-1　以茶为主题的茶席

茶的名称浸透诗情画意，如庐山云雾、龙岩斜背、凤凰单枞、九曲红梅等，有许多很好的茶席设计作品，如《龙井问茶》《普洱遗风》《大佛钟声》等，都是直接因茶而发的。

（二）茶具组合

茶具组合（见图5-2）是茶席构成的主体。

图 5-2 茶具组合

茶具组合的类别一般有金属类、瓷器类、紫砂类、玻璃类和竹木类等。

茶具组合的个件数量一般可按两种类型确定。一是必须使用而又不可替代的个件，如壶、杯、茶叶罐、茶则、煮水器等。二是齐全组合，包括不可替代的和可替代的个件。如备水用具水方（清水罐）、水勺，泡茶用具茶海、公道杯，辅助用具茶荷、茶碟、茶针、茶夹、茶斗、茶滤、茶盘、茶巾、水盂、承托（盖置）、茶几等。

茶具组合既可按传统样式配置，也可进行创意配置。既可基本配置，也可齐全配置。其中，创意配置、基本配置、齐全配置在个件选择上随意性、变化性较大，而传统样式配置在个件选择上一般比较固定。

（三）铺垫

铺垫（见图 5-3）是茶席整体或局部物件摆放下的各种铺垫、衬托、装饰物的统称。

图 5-3 铺 垫

铺垫的直接作用：一是使茶席中的器物不直接触及桌（地）面，以保持器物清洁；二是以自身的特征辅助器物共同完成茶席设计的主题。

铺垫的质地、款式、大小、色彩、花纹等应根据茶席设计的主题与立意，根据对称、不对称、烘托、反差、渲染等手段的不同要求加以选择。或铺桌上，或摊地下，或搭一角，或垂一隅，既可作流水蜿蜒之意象，又可作绿草茵茵之联想。

二、茶席上的四艺

宋代茶人不仅在点茶功夫上技艺精湛，还非常注意营造饮茶的氛围。点茶、焚香、挂画、插花，被宋人合称为"四艺"。现在我们以点茶（现代统称的泡茶）为主，将挂画、插花、焚香作为茶席上衬托茶艺、增强茶艺表现力的辅助性项目。

（一）挂画

挂画是将书法、绘画等作品靠挂于泡茶席或茶室的墙上、屏风上，或悬空吊挂于空中的一种行为。

茶室挂画（见图5-4）中的挂画内容可以是字，也可以是画，还可以字画结合。我国历来就有字画合一的传统。

图 5-4　茶室挂画

字的内容多表达某种人生境界、人生态度和人生情趣，以乐生的观念来看待茶事、表现茶事。例如，以各代诗家文豪们对于品茗意境、品茗感受所写的诗文诗句为内容，用挂轴、单条、屏条、扇面等方式陈设于茶席之后做背景。

绘画以水墨画为主。我国茶席中挂轴的绘画内容较常见的是表现松、竹、梅的"岁寒三友"及水墨山水。

（二）插花

插花（见图5-5）是指人们以自然界的鲜花、叶草与枝干为材料，通过艺术加工，在不同的线条和造型变化中融入一定的思想和情感而完成的花卉再造形象。茶席中的插花是为了体现茶的精神，追求崇尚自然、朴实秀雅的风格。其基本特征：简洁、淡雅、小巧、精致。鲜花不求繁多，只插一两枝便能起到画龙点睛的效果；注重线条、构图的美和变化，以达到朴素大方，清雅绝俗的艺术效果。

图 5-5 插 花

（三）焚香

焚香（见图 5-6）是指人们将天然香料进行加工，使其成为各种不同的香型，并在茶席环境中进行焚熏，以获得嗅觉上的美好享受。

焚香不仅作为一种艺术形态融于整个茶席中，同时，它美好的气味弥漫于茶席四周的空间，使人在嗅觉上获得非常舒适的感受，从而使品茶的内涵变得更加丰富多彩。

图 5-6 焚 香

焚香的香炉种类十分繁多，有鼎、乳炉、鬲炉、敦炉、钵炉、洗炉、筒炉等。在类别上又有香炉、熏炉和手脚炉等，在质地上有铜、铁、陶、瓷等。茶席中的香炉应根据茶席所表现的题材和内涵来选择。

三、茶席主题的确立

确立主题概念前需明确茶席设计的理念，必须立足于茶文化的精神内涵，即茶之本性为清、静、净、俭、和，在此前提下进行主题概念的确定。

静置的茶席（见图5-7）中一般没有解说之类的文字话语。因此在确立好主题之后，对茶席设计进行具体实施的过程中，首先，要把握主题的表现，要直抒胸臆，切忌在设计中一味求美，过多采用委婉隐晦、模棱两可的手法而忽视了主题的直接表达。

其次，在茶席设计中，茶的主体地位不可替代，茶席设计所展示的艺术思想必须围绕茶本身的特性，利用其他所有元素达到烘托和画龙点睛的效果。简而言之，茶的意味要在茶席设计中表达出来。

图 5-7 茶 席

四、茶席设计的题材

茶席是一种艺术形态，凡是与茶有关、积极健康、能给人以美的享受、有助于人的美好道德情操培养的题材，都可以作为茶席设计的题材，并用不同的表现方法来表现其主题思想。

茶席的题材很多，凡是与茶有关的人、物、事件都可以作为茶席设计的题材。茶席的题材常见的有以下几大类。

（一）以茶品为题材

茶叶，因茶树品种、产地、加工工艺不同而有不同的茶类及其繁多的茶品，每一个茶品带给人们的感受也不同。因此，以茶品为题材一般要从以下几个方面去表现。

1.茶品特征的表现

茶品常常包含着许多题材的内容，如产地文化风情、形状、色泽、滋味、香气等。例如，"蒙顶甘露"让人联想到风光旖旎的蒙山，以及甘之如饴的滋味；"君山银针"，洞庭湖的烟波浩渺尽展人们眼前，小小君山、柳毅井、娥皇女英墓、秦始皇封山石刻，流传着多少中华民族的美好故事；"西湖龙井"，美丽如画的西湖，蕴藏着多少令人流连忘返的故事；"滇红"，云南的高原风光以及"一山分四季，十里不同天"的立体气候和终日明媚的阳光造就的红茶有着怎样浓烈的滋味、明艳的色彩和馥郁的香气；"舒城小兰花"，似兰花朵朵，清香扑鼻，高洁清雅。云南普洱茶被称为"茶中之王"，普洱茶主题茶席（见图5-8）更是别具一格。

图 5-8　普洱茶主题茶席

2. 茶品特性的表现

茶性味甘苦。不同的茶品，不同的冲泡方式，给人不同的艺术感受与启示，满足人们不同的精神需求。例如，以茶的自然属性去反映茶园的春晖、艳丽的晚霞、池塘的春草、无垠的大地，借茶表现不同的自然景观，可获得回归自然的感受；以茶表现春的生机盎然、夏的火热之情、秋的丰实与收获、冬的严寒中傲然绽放的寒梅，借茶表现不同的时令季节，获得某种生活的乐趣；以茶表现不同的心境，或豪情满怀，或沉静淡定。

3. 茶品特色的表现

茶中红、绿、青、黄、白、黑六大类茶品使茶具有了丰富的色彩，这些色彩又丰富了茶席，给人带来美的享受。绿茶浅浅的绿，带来满眼的春色；红茶红艳明亮的汤色，给人热烈明快的气息；乌龙茶蜜绿到橙黄、橙红的汤色，橙黄橘绿，秋意浓浓。茶席中，用茶的色彩配以器具的色彩，可将茶席的内涵淋漓尽致地表达出来。

（二）以茶事为题材

与茶有关的事件是茶席设计的重要题材。历史上，有许多与茶有关的重大事件或特别有影响的茶文化事件，例如，陆羽写《茶经》，唐代煮茶，宋代点茶、斗茶，茶马互市，茶马古道，明太祖朱元璋"罢造团茶"，供春制壶，康熙御赐茶名，乾隆钦点御茶树等，都可以作为茶席设计的题材。生活中自己喜爱的茶事也可以作为茶席设计的题材，例如，自己到茶园中采茶制茶、到野外寻访清泉煮茶品茶、学习茶艺、寒夜煮茶待友、与朋友品茗谈心、煮茶论道、品茗赏月、品茗联诗作对等，都是很好的茶席设计的题材。夏日主题茶席（见图 5-9）最能体现夏日氛围。

图 5-9 夏日主题茶席

（三）以茶人为题材

茶人，即爱茶、事茶、对茶有所贡献、以茶的品德为己品德之人。如神农，遍尝百草，发现了茶的解毒功能；唐代陆羽，为茶作经，开茶学专著之先河；卢仝作歌，将饮七碗茶的感受表达得淋漓尽致；苏东坡遍访名泉，"独携天下小团月，来试人间第二泉"，独创"调水符"，并将茶喻为"叶嘉先生"，作千古奇文《叶嘉传》；杜小山"寒夜客来茶当酒"，以茶待客，以茶交友；郑板桥"扫来竹叶烹茶叶，劈碎松根煮菜根""汲来江水烹新茗，买尽青山当画屏""墨兰数枝宣德纸，苦茗一杯成化窑"，饮茶、吟诗作对、书法画画相结合，生活充满诗情画意；康熙御赐茶名，碧螺春香飘万里；乾隆汲荷露烹茶；冯绍裘创制滇红茶；吴觉农、陈椽、王泽农、庄晚芳等一个个现代茶人默默耕耘，为茶的发展呕心沥血，做出了卓越的贡献。生活中，爱茶之人很多，朋友中有茶痴，把品茶作为人生最大的享受，这些古今茶人都是茶席设计的好题材。

任务二　茶会实务

一、茶会

（一）茶会的由来

茶会（见图 5-10）由来已久。会，古时指盖子。《仪礼·士虞礼》载："命佐食启会。"郑玄注："会，合也。"后引申为会合、聚会。司马迁《史记·项羽本纪》："五人共会其礼，皆是。"正式出现"茶会"一词，是唐代钱起《过长孙宅与朗上人茶会》的诗。宋人朱彧表示得更清楚，他在《萍洲可谈》卷一中说："太学生每路有茶会，轮日于讲堂集茶，无不毕至者，因以询问乡里消息。"

图 5-10 茶 会

会合在一起，采茶尝新，是茶会的最初表现形式。晋人杜育在《荈赋》中详细记载了当时的人们趁着农闲"结偶同旅，是采是求"的情景："灵山惟岳，奇产所钟。厥生荈草，弥谷被岗。承丰壤之滋润，受甘霖之宵降。月惟初秋，农功少休。结偶同旅，是采是求。水则岷方之注，挹彼清流；器择陶简，出自东隅；酌之以匏，取式公刘。惟兹初成，沫沉华浮，焕如积雪，晔若春敷。"

以茶代酒，示俭养廉，抵制奢侈铺张之习，是早期茶会的鲜明特征。两晋时期，"奢汰之害，甚于天灾"。奢侈荒淫的纵欲主义使世风日下，深为一些有识之士痛心疾首。于是出现了陆纳以茶素业，桓温以茶代酒等事例。

陆纳以茶素业。《晋中兴书》载："陆纳为吴兴太守，时卫将军谢安尝欲诣纳，纳兄子俶怪纳，无所备，不敢问之，乃私蓄十数人馔。安既至，所设唯茶果而已。俶遂陈盛馔珍馐毕具。及安去，纳杖俶四十，云：汝既不能光益叔父，奈何秽吾素业？"桓温以茶代酒。《晋书·桓温列传》载："桓温为扬州牧，性俭，每宴饮，唯下七奠，拌茶果而已。"

唐代宫廷，已将大型茶会"清明宴"作为统治阶层的聚会形式。"清明宴"一词出自唐李郢的《茶山贡焙歌》："……十日王程路四千，到时须及清明宴。"清明宴是在唐都城长安清明节时，根据贡茶区茶会而制定的一种宫廷大型茶会朝仪，有规模较大的仪卫和较多的侍从，并伴有音乐和歌舞，由朝中礼官主持这一盛典。在贡茶区，每年清明时节，也会举行类似的茶会。《渔隐丛话》载："唐茶惟湖州紫笋入贡，每岁以清明日贡到，先荐宗庙，然后分赐近臣。紫笋生顾渚，在湖常二境之间，当采茶时，两郡守毕至，最为盛集。"境会亭在湖州和常州交界处。每年新茶采集后，两州刺史各率乐人、舞伎，带春茶前来举行聚会，各显茶艺，斗比茶汤，从而形成定制。

宋代斗茶之风，使茶会更趋于一种茶品、茶艺斗比高下的竞赛形式，也使茶的制作工艺和品茗技艺达到鼎盛阶段。民间斗茶之风兴起，蔡襄称之为试茶。范仲淹在《斗茶歌》中描绘了民间试茶的情景："北苑将期献太子，林下雄豪先斗美。"

文人斗茶之会，相继而起。宋徽宗在《大观茶论》中说："天下之士，励志清白，竟为闲暇修索之玩，莫不碎玉锵金，啜英咀华，较筐箧之精，争鉴裁之别。"可见皇帝也加入了斗茶的行列。宋徽宗赵佶亲自与群臣斗茶，把大家斗败了心里才痛快。

明清茶会走向民间，开始以固定场所"茶艺馆"为集体聚会形式。元末杂剧始唱"早晨开门七件事，柴米油盐酱醋茶"。茶与百姓平常生活相结合，也使专供百姓聚集的各式茶艺馆应运而生。有专供商人一边饮茶一边进行买卖交易的"清茶艺馆"，有专供帮会说是论非、吃"讲茶"的"讲茶艺馆"，有供百姓聊天的"老虎灶"，有说书、表演曲艺的"书茶艺馆"，有供文人笔会、游人赏景的"野茶艺馆"，等等，越来越丰富多彩。

传统茶会形式的诸多优良特性，被现代人们的聚会继承。中华人民共和国成立初期，全国政治协商会议筹备活动即以"茶话会"的形式举行，各种形式的"茶话会"延续至今。

茶会形式也在国际茶文化交流中不断发展。我国古代僧人东渡，将茶会引入日本。现代中国台湾茶人又创立了"无我茶会"。

（二）茶会实务的基本特征

一是有固定的目标。一旦茶会的策划方案确定之后，一切有关宣传、场地、规模、人员、物品等的准备均按计划进行，一般不轻易改动。

二是分工明确。由一人统一指挥，其他人员均按各自分工职责，按时、按质、按量完成所分配的各项工作。

三是有较完备的措施。对各项具体工作的安排、计划周全，方法科学。

四是具体落实。以高度认真负责的精神，对茶会自始至终的每一项具体事物，无论大小，都有准备、有安排、有落实、有检查，以求万无一失。

（三）茶会在社会生活中的地位与作用

由于茶会的形式多样、灵活、简朴、宽松，在我国目前的社会生活中，不仅成为政府部门、机关团体、企事业单位等经常采用的一种会议形式，也是普通百姓交友、聚会、联络感情的一种普遍方式。它的集会性、多样性、务虚性、广泛性，使其在各个阶层的社会活动中发挥着积极有效的重要作用。

一是集会性。在会议形态上，茶会的时间形态、地点形态、人员聚集形态、交流形态等特征和其他正式会议一样，有着共性。因此，根据集会性的要求，以茶会的形式，在一定程度上也可基本完成一般正式会议的议程。

二是多样性。社会人员组成的多阶层性，社会生活内容构成的丰富性，必然反映聚会形式的多种需求。而茶会形式没有严格的规定，完全可根据茶会的内容变化其形式，因此，茶会的形式也就表现出多样性，以适合社会多阶层不同聚会内容的需要。

三是务虚性。随着民主政治和民主生活得到不断发展，一般社会生活中的会议，也常常呈现出平等恳谈、交流务虚的一面。茶会以茶为招待形式，呈现真挚、平等、亲和的特性。因此，茶会的形式往往最能体现此类会议的氛围要求。

四是广泛性。社会生活表现在政治、经济、文化、科技、教育等领域中，具有广泛性，使聚会的形式也同样呈现出丰富的广泛性。茶的规模可大可小，举办场所没有严格的限制，加上其简朴、灵活的特性，容易策划，容易召集，容易举行，因而被社会广泛采用。

二、茶会实务内容

茶会策划是指在进行茶会具体准备之前，对茶会目的、茶会名称、举办的规模、参加对象、举办时间、举办地点、茶会性质、茶会形式、经费预算及运作方式等进行的一种具体设计。茶会策划是茶会实务的首要内容。茶会的策划方式主要有 3 种：①自上而下的方式。此类策划一般先由上级领导将茶会的目的等大致要求以口头或文字的形式传达给具体策划人，然后，由具体策划人根据上级领导的原则要求，设计出具体的策划方案，最后再送领导审定。②自下而上的方式。此类策划通常是由具体的策划人根据需要，策划出茶会的内容，然后将茶会的具体策划方案递交给领导，最后再由领导修改、审定。③集体设计方式。此类策划一般是由领导和参加会议的人员，共同对茶会进行具体策划。

茶会的策划方案是指茶会所要举办的全部形式与内容，并对其每一项提出具体的实施方法和计划。①要确定茶会方案的基本内容，主要有目的、名称、规模、对象、时间、地点、物品清单、经费预算等。②要确定茶会的举办形式，主要有座谈、游园、分组、展示、表演等，或其中几项结合。③要确定茶会的实施方法，是指由哪些人，按照什么要求，在什么时间，以何种方式去实施安排。④制订出茶会的实施计划，是指对各项准备工作在时间上列出先后顺序。

茶会方案材料准备，是指根据具体的策划方案，以文字的形式进行的分别表述。方案材料一般有两类，一类是在一份文字材料中，对各项方案的内容进行总体表述；另一类是在多份文字材料中，对方案的每一项具体内容进行单独的表述。前者一般适用于小型的茶会，后者则适用于大型的茶会。大型茶会的文字方案材料一般由以下几种具体文件组成：①申请报告。申请报告是获得上级或有关部门最终批准的重要文件。它的具体表述内容为报告的题目（如"关于举办 2020 年茶艺交流茶会的报告"），报告的对象（即向谁报告），茶会的意义、作用与目的，茶会举办的时间与地点，茶会的主要举办形式，茶会的参加人员，申请报告的目的，申请报告人或申请报告机构署名，申请报告递交时间。②参会人员名单。参会人员名单包括两部分：一是出席茶会的正式人员名单，二是茶会的全体工作人员名单。这样有助于各类文件物品的准备，以及计算具体经费。③组委会机构与成员名单。组委会是一种专门性的临时机构，一般专用于某个大型会议的操办。有实际工作的人员和无实际工作的名誉人员，都要列入其中。每个机构均有结构的系统与分工。茶会的组委会下设各个具体的工作部门，并将具体的工作人员列入其中。④茶会实施方案书。茶会实施方案书的内容主要包括：各项准备工作的具体内容及时间、地点、数量、要求和具体的执行人员。茶会的实施方案书，通常是以表格的方式表述，这样可以让人一目了然。⑤参会人员通知。在所有会议文件中，会议通知虽是最简单的一种，但它又是在会议之前最先和与会者联系，并决定被通知者是否参会的重要途径和方式。因此，在通知的有关会议性质、会议内容、举办时间与地点等的文字上，不能有丝毫错误。最后，还要写上通知者的电话号码，以便及时进行交流与联系。⑥茶会议程安排。茶会议程是茶会内容的安排顺序，从会议主持人到所有在会议中有所表现的人员名单都要具体注明，并写出他们各自的表现内容。茶会议程安排的特点，通常是贺词、主题发言等排在前面，茶艺表演等演出排在中间，最后是自由发言或讨论。因贺词、主题发言和演出等是必须进行的内容，它相对受到一定时间的限制；而自由发言是非必须进行的内容，它相对不受时间的限制，这样便于对茶会的安排进行总体的灵活把握。⑦物品采购清单。物品采购清单体现茶会的全部物质准备内容，它要求在物品的种类、单价、数量、质量等内容上具有较高的准确性。考虑到一定的损耗因素，在数量上可略为增加。⑧茶会宣传、使用的图文材料内容样式。茶会的吸引力，在一定程度上依赖于茶会内容的宣传、使用的图文材料。其图片的真实、生动和图文设计的创意效果，以及材料的方便、可读，是图文材料成功设计的关键。好的茶会宣传资料，不仅能体现茶会的档次、品位与影响，它本身也是一种艺术品，会得到与会者的欢迎并被收藏。⑨茶会经费预算。茶会经费预算是对茶会总收支的基本估算。它的原则要求有 3 个：一是支出范围要基本囊括，支出项目要基本全面；二是估算数字要略大于支出的数字；三是有可能收入数字要小于估算的数字。

策划认定，即由主管部门和主管领导对策划方案内容进行审定和批准。首先要进行方案材料申报。申报材料涉及哪个部门，就要向哪个部门申报，如行政部门、财务部门、外事部门、宣传部门等。在审批过程中，如审批部门对方案内容提出意见时，要及时进行修改。待所涉部门全都审批完后，方可按审批后的各项方案内容实施茶会的具体准备。

三、茶会实务准备

茶会实务准备是茶会举办的必要条件，尤其是大型茶会实务准备，是一项非常具体而系统的工作。因此，茶会的实务准备越周全、越细致，就越能保证茶会的质量。

（一）通知的形式及方法

通知形式及方法的正确与否，直接关系到参加茶会的人数和茶会的时间安排。因此，通知的形式与方法，要根据对象的基本条件来确定。如对象居住地分散，距离较远，可进行信函通知；如对象居住地集中，距离较近，则可进行口头通知。

通知形式一般有如下几种：

第一，媒体通知。一般针对不确定的对象，即符合茶会参加条件的人员，都欢迎参加。此类通知形式，主要针对大型的茶会而言。

第二，信函通知。有明确的指定对象，需掌握指定对象的联络地址和邮政编码。信函通知可采用信函形式，也可采用设计别致的请柬形式。为了确定对象是否参加，信函上还可列出回执，以收到的回执确定参加茶会的人数。

第三，通信传达，主要指电话通知和网络通知。电话通知容易迅速确定参加茶会的具体人数。网络通知的前提是确定对象的计算机拥有情况。

第四，口头通知。一般为小型茶会所采用。往往只要口头通知一两个人，再由他们口头通知其他人。

第五，会议通知。适用于居住、工作相对集中的对象，往往可在相同对象参加的其他会议上进行通知。通知时间一般可选择在茶会正式举行前的两三天。太晚，对象可能因其他活动安排不容易调整；太早，对象容易忘记。重要的茶会，一般在通知下达之后临会前还要再进行一次电话确定。

（二）人员接待准备

人员接待准备，主要表现在参加人员来自其他国家和地区的大型茶会。人员接待准备必须做到充分和细致，稍有疏忽，就会给参加茶会的人员留下不好的印象。人员接待准备，主要表现在四个方面。

一是行动接待。这是首要接待，也是给接待对象留下的第一印象。接待人员要详细掌握每一个接待对象准确到达的时间及机场、车站、码头地点，以便提前到达。对不熟悉者还要准备写有接待对象名字的识别标志，以便对象及时、准确识别。接待车辆要预先准备好。没有备用车辆，应选择那些呼叫方便、车况良好、驾驶熟练的出租车接送。除准时用车接送对象外，还应对每一个对象外出行动需要车辆的情况有所了解，以便及时安排。

二是住宿接待。它关系到对象的休息质量，可按对象的住宿要求预订，也可按安全、卫生舒适、交通方面、饮食方面的标准预订。

三是饮食接待。除宴会安排之外，一般选择在住宿地用餐。事先可先了解对象的饮食习惯，安排对象的饮食。

四是涉外人员接待。对于涉外人员的接待安排，除提前办理好涉外手续外，还要有外币兑换和译员的准备，以方便涉外对象的生活和会务行动。

（三）茶会场地准备

茶会场地是茶会形式与内容的体现场所。其他各项准备工作的好坏往往都集中体现在场地中。因此，场地的准备，在茶会实务中占有十分重要的地位。

一是场地落实，包括主会场，领导和贵宾的休息室，演员化妆、候演室，以及停车场地。

二是场地布置，一般需要对主席台、表演台、一般座席进行设计与摆置。另外，会幅的悬挂，花卉的摆放，宣传品、庆贺物的挂贴，签到桌、指示牌、告示牌的安放等，都应有相应的布置。

三是场地设施准备，包括桌、椅、扩音设备、音响设备、多媒体设备、灯光、空调等。如安排茶道表演和其他演艺节目，还要准备表演所需的桌椅、背景、道具、开水等。

四是场地物品准备，包括茶、茶点、热水瓶、热水器、纯净水、茶杯、茶点盛器、抹布、拖把等。

（四）茶会材料准备

茶会材料，包括图、文形式的茶会宣传材料和使用材料。

一是茶会宣传资料：主要有茶会宣传单、纪念册等。茶会宣传单和纪念物品的设计应有创意。做到设计稿提前报审，提前印刷。二是茶会使用材料：主要指茶会的讲话稿、茶会议程表等。其中茶会的讲话稿应提前约写、收集、整理与印刷。

（五）茶会实务人员培训

一个大型茶会，就是一个系统工程。对所有茶会实务人员进行会前培训，有利于保证茶会的顺利进行。一是明确分工，不仅能够让每个茶会实务人员明确所在实务位置和所承担的职责，也能够使大家相互了解彼此位置和职责，以便突发事件和自己不能处理的问题发生时，知道在什么位置找什么人可以得到解决。二是确定联络方式，主要表现为茶会实务指挥、联络系统的迅速与畅通。各方面具体负责人必须随身携带手机或对讲机，相互熟悉手机号码，一切听从指挥者调遣。三是茶会服饰准备，大型茶会全体实务人员应穿统一的服饰，以便主客迅速识别。四是要模拟操练，这一环节十分重要。通过模拟操练，往往能发现许多问题，可以及时弥补和纠正。

茶 艺

（六）茶会准备检查

茶会所有准备完成后，在临会前，还应对所有准备进行一次全面检查。检查得越细越好。茶会准备检查的原则有三条：一是检查必须提前，二是检查必须细致，三是纠正必须迅速。

四、茶会实施

所有茶会实务准备，都是最终为茶会实施服务的。茶会实施的质量直接反映茶会准备的质量。

（一）实务人员提前到达

所有茶会实务人员，必须在茶会正式开始之前半个小时甚至更长时间到达会场，到达后迅速做好以下准备：一要换上统一的服饰。二要快速对所有准备工作进行最后一次复查。三要做好茶水准备、茶点摆放。四要摆放好签到台，准备好分发茶会材料。五要调试扩音效果、灯光效果以及其他设备效果。六要清理、调整好来宾停车场地。

（二）迎接

一要热情迎接每一位提前到达的茶会参加者。二要恳请参加者签名，分发茶会材料。三要做好座席引导，普通参加者先入席，临会前几分钟，再去休息室请领导、贵宾入席。

（三）茶会主持

由茶会主持人宣布茶会开始，并主持茶会始终。茶会主持人要善于在代表发言期间与指挥人员及时沟通，了解情况，以便做临场巧妙的调度处理。

（四）茶会服务

茶会正式举行期间，由固定实务人员负责添茶倒水服务。服务可选在前一位讲话者结束之后、后一位讲话者讲话之前迅速进行。

（五）送客安排

茶会结束后，要做好送客工作。要留好通道，先送领导、贵宾，再送普通参会者。部分宾客，还要一直送到住宿处或就餐处。

（六）善后处理

茶会全程结束后，如有需要，为所有返程人员提前订好机票、车票、船票，并分头送至机场、车站、码头。所借设备、物品等要及时清理、归还，并将场地打扫干净。

（七）茶会总结

茶会结束后，要进行一次茶会总结。总结经验，吸取教训，以利于今后茶会举行。茶会总结有两种方式：一是会议总结，一般有茶会各环节负责人所参加的小范围会议总结和全体工作人员参加的会议总结两种形式。但无论哪种形式，会议总结的内容都应围绕成功经验、不足方面和纠正方法等几个方面进行。该表扬的应正面表扬，需直接向具体人员提出建议或批评的，应直接进行建议与批评。会议总结的方式越具体越好。二是文案总结，一般应由参加茶会全过程的领导或负责人进行执笔总结。如果掌握的情况不全面，还可进行一些必要的会后调查。文案总结可粗可细，但总结应做到反映问题基本全面，成绩评价实事求是，不足之处能分析到位并能提出具体的纠正方法。

　　文案总结一般作为向上一级部门汇报的文字性工作材料，也可留作本单位备案材料。

任务三　茶艺表演

一、茶艺表演

　　茶艺是泡茶和品茗的艺术，分为待客型与表演型两大类。待客型茶艺表演（见图5-11）侧重于与宾客交流，鉴赏茶叶的品质。表演型茶艺表演讲究舞台艺术效果和茶艺的文化氛围，旨在通过茶艺表演的环境布置、音乐选择、服装、器具、解说词、焚香、挂画、插花等舞台艺术，展现人之美、器之美、茶之美、水之美、境之美和艺之美。只有各种因素都围绕主题和谐地组合，才能收到良好的效果。鉴赏茶艺，主要包括以下四个基本要点。

图5-11　待客型茶艺表演

　　一看是否"顺和茶性"。通俗地说，就是按照这套程序来操作，是否能把茶叶的内质发挥得淋漓尽致，泡出一壶最可口的好茶来。各类茶的茶性（如粗细程度、老嫩程度、发酵程度、火功水平等）各不相同，所以泡不同的茶时所选用的器皿、水温、投茶方式、冲泡时间等也应不相同。表演茶艺，如果不能把茶的色、香、味充分地展示出来，泡不出一壶真正的好茶，就算不得好茶艺。例如，冲泡名优绿茶需要80℃的水，在绿茶茶艺表演中就有一道程序来表现冲泡技艺的科学性，通过凉汤使水温合适，不会造成熟汤失味。

　　二看是否"符合茶道"。通俗地说，就是看这套茶艺是否符合茶道所倡导的"精行俭德"的人文精神，以及"和静怡真"的基本理念。茶艺表演既要以道释艺又要以艺示道。以道释艺，就是以茶道的基本理论为指导编排茶艺的程序；以艺示道，就是通过茶艺表演来表达和弘扬茶道的精神。如在武夷工夫茶茶艺表演程序中，就有几道反映茶道追求真善美的表演设计，"母子相哺，再注甘露"反映的是人间亲情，"龙凤呈祥"反映的是爱情，"君子之交，水清味美"反映的是淡如水的友情，茶艺表演的十八道程序里充满了浓浓的真情。

三看是否科学卫生。目前，我国流传较广的茶艺多是在传统的民俗茶艺基础上整理出来的。其中，个别程序按照现代的眼光去看是不科学、不卫生的。有些茶艺的洗杯程序是把整个杯放在一小碗里洗，甚至是杯套杯洗，这样会使杯外的脏物粘到杯内，越洗越脏。对于传统民俗茶艺中不够科学、不够卫生的程序，在发掘整理时应当予以扬弃。

四看文化品位，主要是指各个程序的名称和解说词应当具有较高的文学水平，解说词的内容应当生动、准确，有知识性和趣味性，应能够艺术地介绍出所冲泡的茶叶的特点及历史。如武夷工夫茶茶艺表演程序就借用了武夷山风景区九曲溪畔的一处摩崖石刻——"重洗仙颜"，来衬托富有道教文化的茶艺内涵，让茶艺与景致相互辉映，相得益彰。再如禅茶茶艺中"达摩面壁""佛祖拈花""普度众生"等程序，在茶艺表演的同时给人佛教教义和典故的洗礼，含义隽永，意味深长。

茶艺表演，按内容风格可分为文士茶艺、宫廷茶艺、民俗茶艺、禅茶茶艺等。各地可根据地方文化特色编排茶艺表演，从舞台背景、音乐、演员、道具、色调、讲解、服装、程序等方面综合表现茶文化的博大精深。如绿茶茶艺表演程序：焚香除妄念→冰心去凡尘→玉壶养太和→清宫迎佳人→甘露润莲心→凤凰三点头→碧玉沉清江→观音捧玉瓶→春波展旗枪→慧心闻茶香→淡中品至味→自斟乐无穷。无论是程序编排还是道具选择，或者是对内涵的解读都能让人全身心投入绿茶那清雅质朴的茶韵之中，其乐无穷，将品茶生活升华为人与自然、人与人、人与社会身心交汇的艺术境界。

茶艺表演源于生活，更高于生活。它既是寻常百姓饮茶风俗的反映，又将饮茶与歌舞、诗画等融为一体，使饮茶方式艺术化且更具有观赏性，使人们从中得到艺术享受。如浙江德清向来有用咸茶敬客的风俗，咸味茶用橘子皮、烘青豆、芝麻、豆腐干、笋干等地方特产与茶一起冲泡而成，当地凡女儿出嫁、走亲访友必饮此茶，这种茶俗已成为当地的特色茶艺。再如云南白族同胞有饮用"三道茶"的习俗，将茶冲泡成一苦（沱茶原味）、二甜（加入白糖、清茶）、三回味（加入生姜、花椒、蜂蜜）茶奉给宾客，颇有民族特色。"三道茶"配上富含哲理的解说词和优美的乐曲，表演者身穿白族服装按客来敬茶的习俗与宾客品茶。观赏"三道茶"的茶艺表演，不仅可以领略独特的民俗茶艺、观赏优美的冲泡技艺，还能从中领悟人生"一苦、二甜、三回味"的深刻哲理，深受各地游客喜爱。

茶艺表演是生活的艺术，是艺术的生活，以茶示礼、以茶载道、以茶养廉、以茶明志是茶艺表演不变的主题，可以根据各地习俗、社会风尚并结合冲泡技艺不断创新，使之富有个性。

二、红茶与大红袍案例

（一）浪漫音乐红茶茶艺

在这道茶艺中，我们借助红茶、相思梅和小金橘来演绎梁山伯与祝英台的爱情故事。

第一道程序：洗净凡尘。

爱是无私的奉献，爱是无悔的赤诚，爱是纯洁无瑕心灵的碰撞。所以在冲泡"碧血丹心"之前，我们要特别细心地洗净每一件茶具，使它们像相爱的心一样一尘不染。

第二道程序：喜遇知音。

相传，祝英台是一位好学不倦的女子，她摆脱了封建世俗的偏见和家庭的束缚，乔装成男子前往杭州求学，在途中与梁山伯相遇。他们一见如故，义结金兰，就好比茶人看到好茶一样，一见钟情，一往情深。今天，我们为大家冲泡的是产于福建武夷山自然保护区的正山小种红茶，这种红茶曾风靡世界，在国际上被称为"灵魂之饮"。

第三道程序：十八相送。

十八相送讲的是梁祝分别时，十八里长亭，梁山伯送了祝英台一程又一程，两人难舍难分，恰似茶人投茶时的心情。

第四道程序：相思血泪。

冲泡正山小种红茶后倾出的茶汤红亮艳丽，像是晶莹璀璨的红宝石，更像是梁山伯与祝英台的相思血泪，点点滴滴在倾诉着古老而缠绵的爱情故事，打动着我们。

第五道程序：楼台相会。

把红茶、相思梅放入同一个壶中冲泡，好比梁祝在楼台相会，他们两人心相印、情相融，升华成为芬芳甘美、醇和沁心的琼浆玉液。

第六道程序：红豆送喜。

"红豆生南国，春来发几枝，愿君多采撷，此物最相思。"我们用小金橘代替红豆，送上我们真诚的祝福，祝天下有情人终成眷属，祝所有的家庭幸福、美满、和睦。

第七道程序：英灵化蝶。

如果说焖茶时是爱的交融，那么出汤时则是茶性的涅槃，是灵魂的自由，是人心的解放。请看，倾泻而出的茶汤，像春泉飞瀑在吟唱，又像是激动的泪水在闪烁着喜悦的光芒。请听，这茶汤入杯时的声音如泣如诉，像是情人缠绵的耳语，又像是春燕在呢喃。

现在，我们用彩蝶双飞的手法，为大家再现梁山伯与祝英台英灵化蝶，双飞双舞的动人景象。

碧草青青花盛开，彩蝶双双久徘徊。梁祝真情化茶水，洒向人间都是爱。

第八道程序：情满人间。

现在，我们将冲泡好的"碧血丹心"敬奉给大家，梁祝虽千古，真情留人间。"洒不尽相思血泪抛红豆，咽不下金波玉液噎满喉"，那是贾宝玉对爱情的伤怀，而我们这个时代自有我们这个时代的情和爱。在我们眼里，杯中鲜红的茶汤，凝聚着梁祝的真情，而杯中两粒泛红的小金橘如两颗赤诚的心在碰撞。

这杯茶是酸酸的、甜甜的，希望各位能从这杯"碧血丹心"中品悟出妙不可言的爱情的滋味。

（二）大红袍茶艺表演

世界自然文化双遗产地武夷山，不仅是风景名山、文化名山，而且是茶叶名山。大红袍是清代贡茶中的极品，乾隆皇帝在品饮了各地贡茶后曾题诗评价说："就中武夷品最佳，气味清和兼骨鲠。"现在我们就请各位嘉宾"当回皇帝过把瘾，品啜茶王大红袍"。

1. 恭迎茶王

"千载儒释道，万古山水茶"。在碧水丹山的良好生态环境中所生产的大红袍"臻山川精英秀气所钟，品俱岩骨花香之胜"。现在我们请出名满天下的茶王——大红袍。

焚香静气。茶须静品，香可通灵。我们焚香一敬天地，感谢上苍赐给我们延年益寿的灵芽；二敬祖先，是他们用智慧和汗水，把灵芽变成了珍芽；三敬茶神，茶那赴汤蹈火、以身济世的精神我们一定会薪火相传。

2. 喜遇知己

乾隆皇帝在品饮了大红袍后曾赋诗说："武夷应喜添知己，清苦原来是一家。"这位嗜茶皇帝不愧是大红袍的千古知音。现在就请大家细细地观赏名满天下的大红袍，希望各位嘉宾也能像乾隆皇帝一样，成为大红袍的知己。

3. 大彬沐淋

时大彬是明代制作紫砂壶的一代宗师，他制的壶被后人叹为观止，视为至宝。所以后代茶人常把名贵的紫砂壶称为"大彬壶"。在茶人眼里，"水是茶之母，壶是茶之父"，大红袍这样的茶王，只有大彬壶才能相配。

4. 茶王入宫

把大红袍请入茶壶。

5. 高山流水

武夷茶艺讲究"高冲水，低斟茶"。高山流水有知音，这倾泻而下的热水，如瀑布在鸣奏着大自然的乐章，请大家静心聆听，希望这高山流水能激发您心中的共鸣。

6. 春风拂面

用壶盖轻刮去茶汤表面的白色泡沫，使茶汤更加清澈亮丽。

7. 乌龙入海

我们品茶讲究"头泡汤，二泡茶，三泡四泡是精华"。我们把头一泡的茶汤用于烫杯或直接注入茶盘，称为乌龙入海。

8. 一帘幽梦

第二次冲入开水后，茶与水在壶中相依偎、相融合，这时还要继续在壶的外部浇淋开水，以便茶在滚烫的壶中孕育出香气，孕育出妙不可言的岩韵，这种神秘的感觉恰似一帘幽梦。

9. 玉液移壶

冲泡大红袍，我们要准备两把壶，一把用于泡茶，称为母壶，一把用于储存茶汤，称为子壶，把泡好的茶倒入子壶称为"玉液移壶"。

10. 祥龙行雨

将壶中的茶汤快速均匀地注入闻香杯称为"祥龙行雨"，取其甘霖普降的吉祥之意。

11. 凤凰点头

点斟的手法称为"凤凰点头"，象征着向各位嘉宾行礼致敬。

12. 夫妻和合

把品茗杯扣在闻香杯上称为"夫妻和合"，也称"龙凤呈祥"。祝福天下有情人终成眷属，祝所有的家庭幸福美满。

13. 鲤鱼翻身

把扣合好的杯子翻转过来称为"鲤鱼翻身"，祝在座的各位嘉宾事业发达，前程辉煌。

14. 敬献香茗

把冲泡好的大红袍敬献给各位嘉宾。

15. 细闻天香

大红袍的茶香锐则浓长，清则悠远，如梅之清逸，如兰之高雅，如熟果之甜润，如乳香之温馨。请大家细闻这妙不可言的天香。

16. 鉴赏双色

大红袍的茶汤清澈艳丽，呈深橙黄色，在观赏时要注意欣赏茶水的颜色，茶水在杯沿、杯中和杯底会呈现出明亮的金色光圈，所以称为"鉴赏双色"。

17. 初品奇茗

现在品头道茶。品茶时我们啜入一小口茶汤，不要急于咽下，而是用口吸气，让茶汤在口腔中流动并冲击舌面，以便精确地品出这一泡茶的火工水平。

18. 再斟流霞

为大家斟第二道茶。

19. 感受心香

大红袍的香气沁人心脾，怡情怡志，我们只有带着丰富而浪漫的想象力，才能感受到大红袍的心香。

20. 敬杯谢茶

大红袍茶艺到此结束，希望大家的生活像大红袍样芳香持久，回甘无穷。

【茶故事】

"凤凰三点头"的含义

"凤凰三点头"是茶艺中的一种传统礼仪，是对客人表示敬意，同时也表达了对茶的敬意。高提水壶，让水直泻而下，接着利用手腕的力量，上下提拉注水，反复三次，让茶叶在水中翻动。这一冲泡手法，雅称"凤凰三点头"。

"凤凰三点头"不仅是泡茶本身的需要，为了显示冲泡者的优美姿态，更是中国传统礼仪的体现。三点头像是对客人鞠躬行礼，是对客人表示敬意，同时也表达了对茶的敬意。

"凤凰三点头"最重要的在于轻提手腕，手肘与手腕平，便能使手腕柔软有余地。所谓水声三响三轻、水线三粗三细、水流三高三低、壶流三起三落都是靠柔软的手腕来完成的。至于手腕柔软之中还需有控制力，才能达到同响同轻、同粗同细、同高同低、同起同落的效果，才能使每碗茶汤完全一致。

"凤凰三点"头寓意三鞠躬，表达主人对客人有敬意善心，因此手法宜柔和，不宜刚烈。然而，水注三次冲击茶汤，能多激发茶性，也是为了泡好茶，不能以表演或做作的心态去对待，这样才会心神合一，做到更佳。

项目六　茶艺馆管理与茶艺师必备基本知识

任务一　茶艺馆经营管理

茶艺馆在服务领域中比较独特，它以茶艺和品茗为载体，来满足顾客物质和精神方面的各种需求，具有品茶论艺、休闲娱乐、文化交流、艺术欣赏、商务洽谈和社会交往等多种功能，是综合性很强的服务场所。由于它适应了当前的消费趋势和潮流，所以发展迅速。一个茶艺馆要想更好地发挥自己的功能，获得竞争优势，就必须结合茶艺行业的特点，加强经营管理，提高服务水平，以优质高效的服务赢得顾客。

一、茶艺馆开设流程

要开设茶艺馆，经营者必须要了解茶艺馆的分类，并进行充分的市场调研、分析，才能根据具体情况决定所开设茶艺馆的区位、规模和档次。

（一）茶艺馆的分类及特色

根据划分标准的不同，茶艺馆的类型也不同，其分类标准主要有规模、建筑风格和经营内容三个方面。

1. 根据规模大小分类

根据茶艺馆营业面积的大小、座位的多少，茶艺馆可分为大型、中型和小型三种。大型茶艺馆的面积在 1000 平方米以上，可供 100 人甚至数百人同时品茶。中型茶艺馆的面积在 300～1000 平方米，可供 100 人左右品茶。小型茶艺馆的面积只有一二百平方米左右，仅供数十人品茶。

2. 根据建筑风格分类

①庭院式茶艺馆。庭院式茶艺馆（见图 6-1）的布置以中国江南园林建筑为主，有小桥流水、亭台、楼阁，清净幽雅。有的直接就建在园林之中；有的茶艺馆因为没有室外的环境可利用，就将室内布置成园林式，添置花草树木，布置小桥流水，可算是人工园林式的茶艺馆。

图 6-1　庭院式茶艺馆

　　②厅堂式茶艺馆。厅堂式茶艺馆（见图 6-2）的布置以传统的家居厅堂为主，摆设古色古香的家具，张挂名人字画，陈列古董、工艺品等，布置典雅清幽。所用的茶桌、茶椅、茶几等，古朴、讲究，或红木，或明式，也有采用八仙桌、太师椅等，反映了中国文人家居的厅堂陈设，让人有时光倒流的感觉。

图 6-2　厅堂式茶艺馆

　　③乡土式茶艺馆。乡土式茶艺馆的布置强调乡土特色，追求乡土气息，以乡村田园风格为主轴，大都以农村社会背景作为布置的基调，如竹木家具、马车、牛车、蓑衣、斗笠、石臼、花轿等，充分体现乡土的气息。有的直接将废置的古屋、古厝整修成茶艺馆，有的特别设计成野趣十足的客栈门面，屋外是花轿、牛车，屋内是古意盎然的古井、大灶，店里的工作人员穿凤仙装、店小二装来接待客人，更增添一番情趣。

④唐式茶艺馆。唐式茶艺馆以拉门隔间，内置矮桌、坐垫，以木地板或蔺草垫铺地，入内往往需要脱鞋，席地而坐，以竹帘、屏风或矮墙等作象征性的间隔，顶上大都以圆形灯笼照明，有一种浓厚的古风。

⑤综合式茶艺馆。综合式茶艺馆是将古今设备结合、东西形式合璧、室内室外相衬的多种形式融为一体的茶艺馆，以现代的科技设备创造传统的情境，以西方的实用主义结合东方的情调，这类茶艺馆颇受年轻朋友的欢迎。

3.根据经营内容分类

根据经营内容，茶艺馆大约可分为以下三种类型。

①文化型茶艺馆。文化型茶艺馆将文学、艺术等功能结合在一起，以弘扬茶文化为主要目的，以品茗为主要方式。此类茶艺馆经常举办各种讲座、论坛和座谈会以推广茶文化，馆内提供交谈、聚会、品茗的场所，并兼营字画、书籍、艺术品等，富有浓厚的文化气息，如同文化交流中心，并具有创造文化、发扬文化的理念和功能，靠经营的收入维持生存。

②商业型茶艺馆（见图6-3）。此类茶艺馆在不同的季节，借助各类庆典举办各式各样的促销活动，销售茶叶、茶具及品饮等，一切以创造利润为先，其活动方式多样、新颖，但由于属于商业活动范畴，消费者为此所付费用也较多。

图6-3　商业型茶艺馆

③混合型茶艺馆。此类茶艺馆以品茗为主，但也希望以商业经营来创造利润。同时，也贩售冰茶、葡萄酒、餐点及其他饮料等，整体看起来类似茶餐厅。

（二）定位、选址与取名

在选好地理位置之前，经营者要确定茶艺馆的定位，就是要确定所开设茶艺馆的大小、风格、档次等。茶艺馆的定位决定了它的消费档次及消费人群，是决定茶艺馆未来经营成功与否的关键。因此，定位与选址非常重要。

1.定位的思考

①地段与消费者。在比较繁华的商业地段，消费者一般是消费层次较高的人群，他们更看重的是茶艺馆的服务品质和设施环境；而像街道、社区这样的地段，消费群体一般为

普通百姓，他们注重的是物美价廉，经济实惠；如果是在风景区，消费对象主要为游客，他们的消费水平有一定差异，主要看重的是茶艺馆的地方特色。

②消费目的与频率。到茶艺馆来的顾客消费目的不一样，他们光顾的次数也是不一样的。有的是为自己找一个闲适之地，有的是与朋友约会，有的是商务洽谈，有的是因自己的情趣所致；有的每天必来，有的每周来一次，有的则随性而来……他们都会根据自己的需求对茶艺馆及其茶品、环境进行选择。

③资金情况。除了对以上情况进行了解、分析外，经营者的资金情况也不容忽视。应在资金周转许可范围内进行综合运筹，包括租金、水电开支、人员工资、设施设备等，以免由于资金出现问题而影响茶艺馆的正常经营。

2.选址的原则

好的位置是茶艺馆良好经营的重要条件之一。如何才能选择一个好的位置呢？在茶艺馆的选址上，经营者也要费一番心思：是选择商贸中心，还是僻静小巷？是选择在风景名胜地，还是乡村小镇？不管茶艺馆开在哪里，只要能吸引对它"情有独钟"的消费者，能维持正常运转，其选址就是成功的。选址应遵循以下几个原则。

①有适宜的环境。茶艺馆外部的环境，如毗邻的经营类别、交通情况、周边的居民情况、有无企事业单位等，都是影响茶艺馆正常经营的因素。一般选择交通便利、周边有相应配套的其他经营分布（如餐饮、娱乐场所）的地方开设茶艺馆。

茶艺馆的内部环境（见图6-4）应是安静、幽雅的。茶艺馆算得上是闹市中的一方"静土"，虽坐落于闹市，但当人们走进茶艺馆就会顿感清静、雅致。但现在有的茶艺馆，由于经营者想获取更大的经济效益，赋予其更多的功能，如娱乐、团购消费等，使茶艺馆原有的环境发生了改变。

图6-4　茶艺馆内部环境

②有稳定的客源。经营者都要懂得一个道理：顾客就是上帝。没有了他们，就失去了经营的基础，只有确保有稳定的客源，茶艺馆才能实现良好经营，因此，顾客数量直接影响着茶艺馆的效益。通过市场调查可了解到客流量的大小，应该保证在客流量最低的时候经营也能保住成本。

③有足够的建筑面积及结构。根据茶艺馆的档次、规模去考查经营的空间大小，不仅从眼前的情况考查，还应从茶艺馆未来的发展出发来考虑。

因此，在查看馆址时应注重考查以下几个方面：第一，房屋的建筑面积大小、结构是否合理，是否便于改造；第二，有无卫生间、厨房、办公地点，以及停车场的位置是否理想等；第三，水电气供应、排水设施是否正常；第四，核实出租方情况的真实性，以保证房源安全；第五，了解租金是否有优惠、水电气收费标准及缴费方式等，特别是房屋租金是经营成本中最重要的部分，应作为重点考虑；第六，有无消防设施、安全通道等。

3.取名

一个企业的名称是企业形象的代表，它凝聚着企业的文化内涵。像我们熟知的"老舍茶艺馆""茶马古道"等好店名，都是值得借鉴的。所以，为茶艺馆取名要考虑周全、字斟句酌，不能过于前卫，也不能难以理解，应既新颖独特又明了好记；既寓意深长又朗朗上口，还要避免取很容易产生歧义的谐音名，做到雅俗共赏。

茶艺馆最重要的是取好店名，其次还可为店内的大厅、包房命名。所起的名称可来自传说典故、名篇名人，也可是巧取自然之景、自然之物，且充满茶韵，如"碧螺茶社""陆羽茶艺馆""天香茶艺馆""一品香茗""岚乡茗苑""玉岚春茶庄"等。

（三）设计与装修

1.确定风格

茶艺馆的风格多根据其定位或经营者的个人喜好而定，茶艺馆在装修风格上应有体现文化内涵的艺术气质——自然、清新，注重品位与细节，充分体现中国茶文化精神。

①仿古风格。根据中国古代各朝代的装修风格而造，如唐代、明代，茶艺服务人员穿着风格统一的传统服饰进行服务。

②书画格调。书画格调的茶艺馆（见图6-5）营造出高雅的艺术氛围。室中摆放较为高档的木质家具，如红木、花梨木、楠木等，墙上张挂名人字画，博古架上陈列玉器、古玩，再准备好笔、墨、纸、砚，在品茶过程中，可供客人随时即兴挥毫。

图6-5 书画格调的茶艺馆

③现代风格。装修风格有极强的现代主义色彩，以现代家具、装饰为主，其时尚感多为年轻人所喜爱。但不宜过于前卫，还是应与茶艺的文化气质相一致。

2. 合理布局

首先，根据分区功能，茶艺馆主要可分为品茶区、表演区、工作区。

品茶区是茶艺馆主要的场所，所占场地最大，经营者根据需要，可把这个区域划分成大小不等的茶室，大致可分为大厅及包房。大厅内备桌椅数张，桌椅根据实际情况有大有小，以满足不同客人的需求。可以是能围坐 6～8 人的大桌，也可以是卡座式的 2 人、4 人一桌相对而坐，但桌子差异不宜过大，以免影响大厅整体效果，相邻的桌椅之间留有足够的供客人进出的通道。而包房主要接待有特殊需求的顾客，包房（见图 6-6）也是整个茶艺馆中装修风格最别致的。包房也有大有小，大的可以容纳二三十人，小的只有七八平方米，容纳四五人，让人们尽享一方清雅。

图 6-6　包　房

表演区是茶艺表演的特别区域，一般设在大厅的最显眼处，以便四周的客人都能观赏到茶艺表演。表演区一般要高于地面，做成演艺舞台，进行适当的布置，如布置屏风、背景幕布、道具、古琴、灯光等。

工作区是茶艺馆工作人员的专用场地，包括员工更衣室、厨房、水果茶点间、办公室等。

除此之外，还可以根据需要设置前台接待区、收银区、茶品茶具展览销售区等。

3. 精心设计

在茶艺馆的风格设计（见图 6-7）中，经营者不能完全听从设计师的意见，应把自己对茶文化的理解融入其中，可以说，茶艺馆的整体布局和装修风格无不传递着经营者的文化理念、经营思路。

图 6-7 茶艺馆风格设计

茶艺馆的设计主要是总体风格的设计和装修细节的设计，细节设计要与总体风格相一致，不能凭空混搭，以免减弱茶艺馆的文化氛围。在设计时需注意以下几个方面。

①桌椅的选择。茶艺馆桌椅的材质、形状种类繁多。材质主要有竹、木、藤类，还有石、陶、瓷可以选择；形状有圆形、方形、不规则形等。在选择时不能只考虑观赏性，还应考虑其实用性，特别是桌椅的高低、宽窄是否恰当，座椅是否舒适等。除了传统的桌椅外，还可选择沙发、躺椅、秋千等不同的座椅，为茶艺馆增添另外一番情趣。

②装饰的选择。茶艺馆一般选用木器、陶器、玉器、石雕、奇石等传统的工艺品作装饰，以烘托文化艺术品位。花草的点缀也是不错的装饰，陈列出的茶具、茶品本身也是很好的装饰品，不仅可以营造茶艺馆的氛围，使人赏心悦目，还可以快速激起欣赏者的购买欲。

③字画的选择。茶艺馆的字画一般选择中国山水画、花鸟画和人物画，根据摆放的位置确定画幅的大小，悬挂高度以人们视觉观赏舒适为宜。

④灯具的选择。灯具实际上也算得上是茶艺馆的装饰品，一款别致的灯具透出的别样光晕会让客人感觉到别样的情调。因此，对灯具的选择和光源的配置就显得非常重要。可以采用古朴的壁灯、吊灯等，品茶区一般不用太亮的白色光源，适宜用自然的暖光源；表演区的灯光可稍强，以便增强观赏性。

二、人员招聘与培训

茶艺馆装修到位就可以开张了吗？回答是否定的。因为装修到位只能说明在硬件上具备了开设茶艺馆的条件，但软件上也同样需要做好充分的准备，软件准备主要是员工的招聘与培训工作。一般来说，店铺装修应与人员招聘培训同时进行。

（一）招聘

一般由经营者组织相关人员进行招聘，招聘人员的数量和岗位可根据茶艺馆的规模、档次等实际情况来确定。

1. 招聘人员类型

茶艺馆一般需要招聘的人员有三类。

①管理人员：店长或经理、主管、领班。

②服务人员：迎宾、茶艺师、服务生、收银员、保安等。

③后勤人员：财务、厨师、保洁员、采购员、水电工、网管员等。

2. 招聘形式

①社会招聘。从人才市场上招聘社会人员或其他茶艺馆过来的熟练工。

②学校招聘。从学校招聘茶艺专业或非茶艺专业的学生。

③广告招聘。通过广告发布招聘信息进行招聘。

3. 招聘要求

①管理人员：大专或本科以上学历，有一定的管理经历和管理经验，为人正直、责任感强、以身作则、品貌端正、沟通能力强等。

②其他人员：高中或中职以上学历，具备符合岗位要求的专业技能和文化素养，能胜任该岗位工作，品貌端正、踏实认真、善于沟通、年龄适中。年龄可根据岗位的需求而定，一般前台服务人员以年轻女性居多，而对后勤人员的年龄要求可适当放宽。

4. 招聘步骤

①报名：填写应聘人员登记表。

②测试：进行岗位相关知识的测试（口试、笔试、现场操作）。

③录取：通知已被录用的应聘者。

（二）培训

培训是茶艺馆服务质量的保障，不仅在开业前要进行培训，在开业后也要定期对各岗位服务人员进行培训，以不断提高服务质量。

1. 培训内容

①规章制度。规章制度是企业管理的核心，只有了解并遵循规章制度，各项工作才能有序地开展。应组织员工学习本企业的岗位职责、员工守则、财务管理制度、考勤制度、奖惩制度和安全管理制度等。

②专业技能。根据岗位要求进行专业技能方面的培训，如茶艺专业知识与技能、服务技能、其他岗位特殊技能、设备使用等。

③基本素质。基本素质培训是对服务人员进行心理、文化修养、职业道德、待人接物等方面的培训。

2. 培训时间及方式

培训时间长短可视招聘员工的具体情况而定。员工培训包括开业前的培训和开业后的培训。例如，新店开业前期可边培训边做店内整理工作，可以利用每天营业前的半小时至一小时进行培训。

①集体培训。集体培训是对所有员工的培训，包括本店经营理念、职业道德修养、规章制度、礼貌礼节等的培训。

②个别培训。个别培训是指有针对性地对某一岗位或个人进行的专业知识、专业技能的培训。

三、开业前准备

（一）购买物资

1. 家具、装饰品、用具

家具、装饰品、用具包括桌椅、字画、柜子、垃圾桶、收银机、杯、碗、勺、音响、音乐碟、电视、冰箱、电水壶、盛水容器、纸巾盒、茶叶筒（罐）等。

2. 茶叶

配备茶品种兼顾不同种类的高、中、低三个档次，大致可有蒙顶黄芽、天府龙芽、君山银针、龙井、碧螺春、六安瓜片、黄山毛峰、信阳毛尖、庐山云雾、铁观音、大红袍、黄金桂、凤凰单枞、冻顶乌龙、川红、祁红、滇红、白毫银针、普洱茶、藏茶、沱茶、茉莉花茶等，还可以配备各种保健茶（菊花、苦乔、玫瑰、柠檬、苦丁茶、枸杞、腊梅等）。应注意品种齐全、数量适当。

3. 茶具

茶具包括基本工具（茶道组、茶船、公道杯、茶巾、滤网）、紫砂壶、玻璃壶、玻璃杯、盖碗、陶瓷杯、水盂等。

（二）办理证照

茶艺馆必须按照国家规定，办理相关的证照后才能正式营运，否则就视为非法经营。主要需要办理以下的证照。

①经营许可证与营业执照。提前到当地工商部门进行咨询、登记，成为合法的经营者。

②消防许可证。装修前，到公安消防部门进行咨询，并按要求设计、装修；装修结束后申请验收并领证。

③卫生许可证。提前到国家规定的卫生防疫部门进行咨询、申报。

④税务登记证。提前到当地税务部门咨询、办理。

⑤健康体检证。每一位从事服务行业的人员必须到指定的卫生机构进行体检，达到健康标准的人员才能获取此证。

（三）清洁整理

第一阶段：在装修完成后，对店内地面、墙面以及门窗进行清洁。

第二阶段：家具进场后对家具进行合理摆放、清洁。

第三阶段：对茶具及其他物品进行清洁、整理、摆放。

第四阶段：开业前对茶艺馆所有地方做全面的清洁、整理。

（四）定制工作服

统一的着装是企业规范管理的体现，同时也展示出员工的精神风貌，因此，对员工工作服的选择也不容忽视。茶艺馆可根据自己的实际情况定制有本店特色的工作服。工作服可根据岗位、性别、年龄的不同而从款式、色彩上有所区别，但总体应以中式、简洁、素雅为好，简洁中透着灵秀，素雅中蕴含着别致。

（五）设计茶单

设计与茶艺馆的定位和风格相配的茶单，并在开业前印制完成。

（六）其他准备

1. 申请账户

选择有实力的银行办理茶艺馆银行账户，为今后开展业务时资金流动做好准备。

2. 财务准备

刻制财务公章，准备各种财务凭证（现金存款凭证、进账单、信汇凭证等）、发票等。

（七）大力宣传

为了引起顾客对茶艺馆的关注，实现开业大吉，宣传工作至关重要。主要可通过媒体广告传播开业信息，如电视台、报纸、路牌、灯箱广告、手机信息、微博、QQ、微信、传单等。

（八）试营业

试营业一般安排在开业的前三到五天，以便发现问题，及时进行整改，如对价格、人员安排、服务流程等的改进。在试营业期间，管理人员每天都应对当天的服务情况进行总结，提出更科学、合理的服务要求，为正式开业做好充分准备。

四、茶艺馆营销

茶艺馆的收益主要来源于客人在茶艺馆品茶时的消费和离店时客人购买茶品、茶具等的消费。营销成效影响着茶艺馆的稳步发展，也关系着茶艺工作人员的收入。因此，茶艺工作人员应该具备主动向客人推销的意识，并掌握一定的销售技巧。

（一）茶艺馆推销的方式

推销的方式有很多，但就茶艺馆而言，主要有以下几种方式。

1. 现场推销

现场推销主要是指在茶艺馆中对客人进行的推销。如在客人品茶或观赏茶具、茶品时，茶艺工作人员要不失时机地向客人进行耐心、适宜的推销。在客人的直观感受下进行推销，容易使客人产生认同感，从而达到销售的目的。但在推销时切忌油腔滑调、喋喋不休，让客人反感，从而影响销售目的的达成。

2. 广告推销

广告推销是指利用广告宣传，对茶艺馆及产品进行推销。可以利用广播、电视、户外广告等传统媒体进行宣传，也可以利用QQ、微信、微博等新兴媒体进行宣传，让更多的人知道茶艺馆的位置、特色及营业时间等，为顾客提供消费信息；也可以在茶艺馆中营造推销的氛围，如设置新品推介、茶品鉴赏等专栏，让顾客对茶有更多的了解，产生消费欲望。

3. 活动促销

活动促销（见图6-8）也是推销的一种形式。通过策划、组织各种活动来推动销售。例如，推出每月、每周特价茶品，举办新品品尝活动、茶友沙龙以及节假日特别主题活动等，让客人在体验中参与到销售活动中来。

图6-8　活动促销

4. 信息推销

通过发电子邮件、手机短信、QQ、微信、微博，以及电话交流等方式向客人发布茶品信息及活动信息，加强与客人的联系，稳定客源。

（二）茶艺馆推销的技巧

1. 成功推销的要素

（1）了解顾客消费心理

我们服务的对象是顾客，要想成功实现销售，顾客是关键，因此，在对顾客进行推销时，一定要了解顾客的消费愿望和消费水平等，这对推销的成功起着重要的作用。

①需求层次。通过研究，心理学家马斯诺提出了"需求层次论"，把人的需求划分为五个层次。人的需求是从最底层、最基础的物质需求开始逐渐向高层次的精神需求发展的。每个人的需求都是由低到高逐渐向上提升的，人在不同的时期表现出来的各种需求的迫切程度是不同的，最迫切的需要才是激励人行动的主要动因。一般到茶艺馆来消费的人主要是为了满足精神和心理的需求，因此，茶艺馆应在环境的布置、茶具的选择、背景音乐的选择、茶艺师的水平等方面努力地满足顾客需求。

②需求差异。不同的顾客因社会地位、文化水平、职业特点、个人习惯、经济状况以及民族习俗、生活环境、审美标准、年龄差异等的不同，而产生不同的消费需求。因此，茶艺馆应根据顾客的不同需求，设置不同的消费档次，以适应更多的顾客。但这也不是说，每一个茶艺馆的档次消费都应相同。每个茶艺馆自身的定位是不尽相同的，也许这家茶艺馆最高的消费档次，只相当于另一家茶艺馆中等的消费档次。因此，消费档次应根据茶艺馆不同的定位来设置。

（2）熟悉产品

想要把茶品介绍给顾客，茶艺服务人员应对所介绍茶品的相关知识进行详尽的了解，如产地、特点、营养价值、功效、冲泡技能等，以便能全方位地对茶品进行介绍，逐渐增加顾客对产品的信任度，从而产生购买欲望。

（3）称呼得体

在推销时，称呼应得体，讲究艺术性，能得到客人的及时回应。对客人的称呼因人而异，如对上了年纪的客户，应称呼"老伯"或"阿姨"，或尊称"老师"等；对年轻男女则以"先生""小姐"称呼为佳；对有职务的客人，可把职务带进称呼里，如"李总""王经理"等。在整个服务过程中应用统一的称呼，切忌随意变更对方的称呼。

（4）把握时机

茶艺服务人员在推销产品时要把握好推销的时机，不能让客人感觉有强加之意。例如，当客人在说到某位亲人有某种疾病时，茶艺服务人员就可以根据所学的茶叶知识，向其推荐有保健作用的茶叶，使推销自然，让客人容易接受。

2. 推销的语言技巧

在茶艺馆推销中最直接的就是现场推销（见图6-9）。而现场推销中的言谈举止对推销的成败至关重要，因此，茶艺服务人员必须要掌握现场推销中的语言技巧。

图6-9　现场推销

（1）坚持原则

在推销用语上要坚持"以顾客为中心、通俗易懂、'低褒感微'"的原则。"低褒感微"中的"低"，就是指态度要谦逊平易，对顾客要十分尊重，面对顾客头要稍低垂，微收下巴；"褒"是指说话要有褒扬赞美之词；"感"就是对顾客怀有感谢之意，感谢顾客的惠顾；"微"就是微笑，使顾客有好的心情。

（2）用语要求

推销时应注意用语要求：保证所传递推销的信息准确、易懂、重点突出；语言清晰，语调适中，语音柔和；要以满足推销对象的需求为前提；能引起推销对象的兴趣。例如，安溪铁观音每壶售价是150元，可供5人同时享用；安吉白茶的氨基酸含量很高，在6%左右，最高的甚至达到9%，是普通绿茶的3～4倍；茶多酚含量只有10%～14%。茶叶中氨基酸含量高，特别是高含量的茶氨酸，有利于血液免疫细胞干扰素的分泌，从而提高人体抵抗外界侵害的能力，这对提高记忆力、降血压、减肥、护肝等都有明显作用。

（3）提问巧妙

①一般性提问，如："先生，请问您有预订吗？"

②诱导性提问，如："老师，红茶有暖胃的功效，您看今天是否先喝红茶？"

③征询式提问法，如："先生，您是否还需要茶点？"

④选择性提问，如："先生，今天是喝铁观音还是绿茶？"

⑤启发式提问，如："菊花有明目、解毒、降血压、提神醒脑的作用，我们刚进了新鲜的菊花茶，您是否带点回去平时泡着喝？"

（4）反应灵活

首先，在推销时应注意把握推销的时机。在客人品茶时注意把客人的谈话信息记在脑中，在合适的时间向客人推销产品。例如，在与客人的谈话中了解到其父母的身体情况后，就可根据这个信息向客人推荐适合父母饮用的茶品，示意客人买来送给父母以示孝敬。其次，要注意推销时间的长短。根据顾客的情绪灵活调整语言内容，尽量用商量的口吻，切忌油腔滑调、喋喋不休，让客人产生厌恶感，从而影响销售目的的达成。

（三）茶单的制作

茶单（见图 6-10）又称茶谱，是茶艺馆提供的列有各种茶品的清单。茶单是消费者的关注重点之一，也是茶艺馆最重要的推销工具。顾客通过看茶单就可以了解有关茶艺馆经营的相关信息。因此，茶艺馆在制作茶单时一定要审慎。

图 6-10 茶 单

茶单设计的科学性和合理性直接影响着茶艺馆的经营成效。一款精致的茶单是茶室中一道别致的风景线，茶单或刻于竹筒之上，或展现在折扇之中，或古朴自然，或精美雅致。当顾客落座于茶室后，它会给顾客带来一番别样的情趣。

1. 茶单的主要内容

（1）茶品、茶点名称和价格

茶单中主要呈现的是在一定时期内比较稳定的茶品及其价格。茶艺馆的茶品应保存在低温、避光和干燥的环境中，茶品的实际等级、价格应与茶单上的标识一致。如遇价格调整，也应在茶单上注明，但不要频繁变更价格，以便给经营带来负面影响。

（2）茶品相关内容介绍

在茶单上对茶品相关内容进行介绍，可提高推销效率。主要包括以下几点。

①茶品的特点及功效。

②茶品的饮用方法。

③茶点的搭配常识。

④特色茶品推介。

（3）其他信息

①茶艺馆名称、地址、预订电话、营业时间、交通信息等。

②相关服务费，如包房服务费、外卖服务费等。

③其他餐饮种类及价格。

2. 茶单的设计原则

①根据市场定位进行设计。茶单应根据茶艺馆的定位和顾客的消费层次进行设计，只有这样才能设计出最合理、最有效的茶单。

②根据自身特点进行设计。在茶单的设计上应体现茶艺馆自身的特点，包括特色茶品、促销茶品等。这种特色是推销的重要手段，通过特色来吸引顾客，增强竞争力。

③根据审美需求进行设计。茶单（见图6-11）的设计不仅要考虑实用性，还应考虑其艺术性，符合消费者的审美情趣。对茶单的款式、色彩、版式、选材，甚至图案、字体的设计，都应从艺术美学角度出发考虑，这也充分体现着茶艺馆的文化底蕴。

图6-11　根据审美需求设计的茶单

④根据实际情况进行设计。茶单的设计还应根据季节和茶品的变化进行适时的变化，让顾客有新鲜感，令其感受茶艺馆的创意与活力。

3. 茶单的设计制作要求

（1）对设计者的要求

①熟悉茶品的产地、种类、价格等。

②熟悉各类茶品与茶点的最佳搭配。

③具有较高的文化素养和艺术修养。

④能把顾客需求和经营目的相结合。

（2）材料的选择

茶单就好似茶艺馆的名片，它的优劣也能反映茶艺馆品质的高低。在选材时应选择质地优良、结实耐磨的纸张，在满足设计要求的情况下，尽量降低制作成本。

（3）色彩及规格的选择

顾客看茶单首先看到的是色彩，因此，茶单的用色非常重要。一般选用舒适、典雅、古朴的色彩作为茶单的主色调，如藕荷色、浅咖啡色等。应避免选用鲜亮、对比强烈的色彩，这样可能会使茶单显得粗俗。文字颜色应比背景颜色突出。

茶单规格可根据茶艺馆风格以及设计者的创意来定。一般有单张双面茶单（28厘米×40厘米）、对折茶单（25厘米×35厘米）、三折茶单（18厘米×35厘米）等。当然也可有其他的设计规格，但不管怎样，茶单的设计都要从美观和方便阅读的角度来考虑。

（4）文字和图片的设计

①文字规范、无错别字，避免使用繁体字。

②字体及字号。如封面常用楷体、隶书（初号）；标题常用楷体、隶书（2号）；正文常用仿宋、黑体（2号或3号）。

③茶品名称同时使用英文标注，价格用阿拉伯数字表示。

④图片选择应与茶品内容统一、协调，令人赏心悦目。可选用茶品干茶和冲泡样品图片，也可选用与茶品相关的风景图片，以增强茶单的艺术性。

五、茶艺馆的管理

茶艺馆开张了，但要让它能稳定持续地发展下去，就要学会经营管理。在企业的经营管理中必须要建立一套完善的管理体系，才能使经营管理更加科学化、规范化。茶艺馆的管理主要包括以下几方面。

（一）财务管理

1. 资产预算

经营者在经营时必须要做前期的投资概算，包括需要哪些开支、经费是否充足等。常用资产预算包括装修费、房屋租赁费、设施及设备费、人工费（含培训、服装等）、材料费（含购买茶叶及茶点费等）、办理各种证照费等。除此之外还应有一定的备用资金。

参考资产比例：总资产＝固定资产（40%～50%）＋流动资产（30%～40%）＋其他（20%）。

2. 成本核算

成本是指经营中所占用和实际消耗的资金。一般包括房屋租赁费、员工工资、维修费、用具折旧费、水电气费、材料费、运输费、税费等。

3. 定价

价格历来是企业经营管理中最敏感的问题，怎样定价才能让茶艺馆获得最大的利润呢？首先了解一下什么是毛利。毛利就是商业企业商品销售收入减去商品原进价后的余额。毛利的计算公式为

$$毛利＝不含税售价－不含税进价$$

商品的定价，一是可参考同一档次茶艺馆的价格，二是可利用公式核算后定价。计算的方法有以下两种。

①销售毛利率法。销售毛利率法是根据餐饮产品的标准成本和销售毛利率来计算餐饮产品销售价格的一种定价方法。

$$销售价格＝成本 ÷（1 －销售毛利率）$$

$$销售毛利率＝毛利 ÷ 销售价格 ×100\%$$

②成本毛利率法。成本毛利率法是根据餐饮产品的标准成本和成本毛利率来计算餐饮产品销售价格的一种定价方法。

$$销售价格＝成本 ×（1+ 成本毛利率）$$

$$成本毛利率＝毛利 ÷ 原材料成本 ×100\%$$

销售毛利率和成本毛利率可根据市场和茶艺馆实际情况来定。因茶艺馆消费者一般消费时间较长，占用的服务资源较多，故毛利率应稍高些，这样才能维持正常运转，获得较高的收益。

4. 记账

对于茶艺馆每天的开支和收入都要做好财务登记，这是财务人员的主要工作。如记录日记账、业绩收支表、付款明细表、当月损益表等，记账时，要严格审核各种会计凭证，对有问题的凭证应拒绝使用，并上报分管领导。对经商活动中的任何凭证都要妥善保存，做到账目清楚、按时结账。

企业的核算程序有多种，但对于刚开始经营的茶艺馆来说，业务量不会太大，所以建议选择记账凭证核算程序。记账凭证核算程序的主要特点是直接根据会计凭证登记账簿。这样也便于管理者了解财务情况。

（二）采购管理

采购质量的水平会直接影响茶艺馆的服务质量和经验效益，因此采购工作不容忽略。

1. 采购人员要求

①热爱本职工作，吃苦耐劳，以企业利益为重。

②有较强的采购专业知识，能够保证产品品质。

③有良好的沟通能力，与供货商建立良好的关系。

④有较强的市场预测能力，保证货源，降低采购成本。

2. 采购程序

①根据各部门提出的进货清单，与库存比较后确定采购量。

②将所确定采购量上报相关领导审批。

③采购订货。

④进货验收。

3.采购质量标准

制定所采购原料及物品的质量标准才能保证原料及物品的质量。重点要考查下列几项。

①原料及物品的准确品牌、名称。

②原料及物品的产地、等级或型号。

③原料生产的卫生条件是否达到国家标准。

（三）服务管理

茶艺服务（见图6-12）。服务离不开现场，服务质量取决于服务现场。因此，现场管理就成为茶艺馆管理的核心，而这个"核心"就是人。现场管理主要围绕三个方面进行，即人的管理、物的管理和环境管理。

图6-12 茶艺服务

1.服务人员的管理

（1）仪容仪表的管理要求

①服装。按季节规定统一着装，做到干净、整齐、笔挺，不得穿规定以外的服装上岗；勤换洗内衣，保持内衣的干净、整洁；服装上不得挂规定以外的饰物；衣袋内不得多装物品；不得戴手链、大耳环等饰品；非工作需要，不得在茶艺馆外穿工装。

②个人卫生。上岗前，不准吃葱、蒜等带有异味的食物；饭后要刷牙，保持口腔清洁；勤理发、洗头，勤剪指甲，指甲内不得有污垢，不染指甲；保持自然发型，不得染发，不能留怪异发型；淡妆上岗，不得使用带有较明显刺激性的化妆品；手部不能涂抹化妆品；患有皮肤类疾病者，要选择用药，勤洗澡，严禁带体臭上岗；不准在服务区域剔牙、抠鼻、挖耳；不准随地吐痰；经常洗澡，保持身体清洁。

（2）言谈举止的管理要求

①站姿（见图6-13）。站立迎送客人，要毕恭毕敬，收腹挺胸，颔首低眉，双目微俯，面带微笑，双腿不可叉开，身体不能扭斜，头部不可歪斜或高仰。

图 6-13　站　姿

②坐姿（见图 6-14）。在需要坐下的场合，背要挺直，不含胸，表情温馨，头部不可上仰或低俯，身体不得来回摆动，两腿不要抖动。

图 6-14　坐　姿

③行走。步履轻盈，和颜悦色；头不低，收腹挺胸，要从容，不显得匆匆忙忙；空手行走不得倒剪双手或袖手，手臂自然摆动；入室陪同时，客人在先，其中女士在前。

（3）看

面向客人，目光间歇地投向客人；不能望天花板，不能直瞧地面，不能无目的地东张西望；禁止凝视、斜视、冷白眼，禁止对客人上下打量、长时间审视。

（4）听

认真倾听，平和地望着客人，视线间歇地与客人接触；对听到的内容可用微笑、点头等应对；不能面无表情，心不在焉，不可似听非听，表示厌倦；不能摆手或敲台面来打断客人，更不得不礼貌地甩袖而去。

（5）交谈

对客人要热情礼貌，有问必答；顾客多时，要分清主次，恰当地进行交谈；说话声音要柔和、悦耳，控制好语调、语速，不得大声说话或大笑；不得表现出不愿与客人交谈的情绪，或不应答客人；对客人提出的要求，要尽可能地想办法予以满足；对客人的不满或刁难要冷静处理，巧妙应对，不得与客人发生冲突，必要时可请领班或经理出面解决。

（6）服务

按茶艺服务的动作标准、程序、规定进行。

（7）其他

无客人时，不能扎堆聊天，不能梳妆打扮，不能大声喧哗；可有组织地进行学习、讨论、练习等，并安排专人做好迎宾工作。

（8）礼仪礼节的要求

在接待客人和服务过程中，恰当使用文明服务用语。不能使用服务禁忌语言。在服务区域碰到客人要主动打招呼，向客人问好。对顾客要热情服务，耐心周到，百挑不厌、百问不烦。递送物品要用双手，轻拿轻放，不急不躁。不能与客人发生争执、争吵。不能带情绪上岗，不能带着不悦的情绪接待顾客。对客人要了解其禁忌，避免引起客人的不快或发生冲突。尊重客人的习惯，不得议论、模仿、嘲笑客人。保持愉快的情绪，微笑服务，态度和蔼、亲切。进入房间前要先敲门，经许可方能入内。同事之间和谐相处，团结互助，以礼相待。

2. 物品和设施的管理

茶艺馆的各种服务设施、用具、物品的维护和保管十分重要，必须建立相应的管理制度。

①设施和物品要由专人负责，专人专管，做到岗位清晰，职责明确。

②明确设施、用具的检查项目、检查方式，定期、定时进行检查，发现问题及时处理。

③建立设施维修保养资料卡和用具账目及损坏情况登记卡，以便积累数据，掌握规律。

④对商品陈列作出明确规定，使陈列安全、有序，显示出美感，并方便顾客选购。

⑤对物品的人为损坏要有相应的处理办法。

3. 环境管理

茶艺馆服务环境的要求是整洁、美观、舒适、方便、有序、安全和安静。优良的服务环境，一方面可以满足顾客的需求，获得顾客的好感和信任，树立企业的良好形象；另一方面会使服务人员精神焕发，干劲十足。

（1）安全管理

有目的、有组织地分析服务全过程，尽可能抓住容易发生事故的关键环节，制定预防措施及对策。着眼于发生事故的苗头，以便采取相应措施。制订应急计划和措施，避免措手不及，以减少事故发生时可能造成的损失。抓好安全教育，使所有员工树立牢固的安全防范意识。搞好安全培训，使员工熟悉安全措施和消防设施的使用方法。按照安全消防的要求配置消防器材，并安排专人负责管理。经常巡视检查，查除安全隐患。明确每个员工的安全责任，动员全员参与，共同搞好安全工作。经理和领班在安全管理中要发挥主动作用，经常检查关键环节，抓好对员工的安全教育和培训工作。

（2）卫生管理

地面要求"光、亮、净"，不得有未清理的垃圾。顾客丢弃的废物要随时清理。地面无痰迹、烟头、烟灰、污水、纸片和脚印等。大厅、房间、卫生间墙面、墙角和窗台等处无积尘、浮土、蜘蛛网等。门窗、楼梯扶手无灰尘、污垢，玻璃要清澈透亮，无污点、污痕。柜台、货架、音响、电视等凡能看得见、摸得着的地方，不得有污物、灰尘、污渍。台面无杂物、灰尘、茶渍等。卫生间地面干净，无污水、脏物。纸篓的垃圾及时清理，所存垃圾不得超过纸篓高度的二分之一。管道上下水通畅，洗手池外壁、内壁、台面、水龙头无污迹、灰尘，便池干净、洁白，无明显污渍。室内经常通风，无异味。各种物品摆放整齐、有序，墙面无乱涂乱画。客用茶具无水痕、污渍、手纹、茶渍（紫砂壶、茶船除外）。室内无蚊蝇、老鼠及腐烂变质的食品，无异味。宣传栏、装饰物无灰尘、污垢。客用茶具、餐具按规定进行消毒。生熟食品分开保存。吧台物品摆放整齐，卫生要求与其他室内的要求相同。

每天上午开门接待顾客前，经理或领班要组织服务人员全面打扫卫生，对所有区域按标准进行清理，并逐项检查，不合格的地方要重新清理。营业期间，所有人员要随时注意卫生情况，发现问题要及时处理。晚上送宾后，对地面、台面、墙面彻底打扫一遍。所有员工不得乱扔杂物，不得随地吐痰。及时清理台面上的果皮、茶叶、水迹等，勤换烟缸，保持台面的干净、整洁。对出现问题的员工，领班和经理要随时提醒其注意个人行为。问题严重的，要进行相应的处罚。对员工进行卫生知识和卫生法律制度的培训，帮助员工养成良好的卫生习惯，树立卫生意识，注意约束自己的行为，努力创造卫生、清洁、舒适的工作和服务环境。经理、领班要经常检查卫生制度的落实情况，对存在的问题要提出改进意见和要求。

（3）营造安静的服务环境

所有服务人员要注意自己的言谈举止，保持环境的安静。背景音乐要柔和，声音适度，不能太高。对发出声音、声响较大的顾客，要以适当的方式提醒其注意，共同营造安静的环境。

六、茶艺馆的经营策略

（一）经营时间

根据茶艺馆经营的特殊性，制定出适合本茶艺馆经营的时间表，以便各种工作人员都能有序地进行工作。

×××茶艺馆工作人员工作时间安排

时间	内容
8：30～8：40	早班人员报到、换装
8：40～8：55	早会
8：55～9：50	服务人员做准备工作，管理人员到岗检查

时间	内容
9：50～16：30	早班服务
16：30	晚班人员报到、与早班人员做工作交接
16：30～23：30	晚班服务
23：30	结束整理工作

（二）营销策略

茶艺馆通过有效的经营活动来实现自身的发展，这种经营活动就是营销。

1. 确立营销思路

在经营中应关注顾客需求，在进行市场调查的基础上确立营销思路。对茶艺馆目前和未来的发展进行统筹规划，有目的、有计划地实施营销活动，扩大影响，提高销售业绩，实现茶艺馆的发展目标。

2. 进行市场调查

市场调查是确保营销方案能够有效实施的关键。通过市场调查，对经营环境进行分析后，有针对性地进行营销策划。市场调查主要包括以下内容。

①实地测查。首先，对茶艺馆附近的人流量进行观测，估计可能进行消费的人流量。其次，对周边的情况进行了解，如社区情况、消费水平、人群密度，以及饭店等其他机构的分布情况等。可以采用问卷调查的方式，搜集茶艺馆附近人群的消费水平以及对茶艺馆消费的消费需求等信息，以便于茶艺馆对茶品及相关消费品进行安排定价。

②了解情况。俗话说："知己知彼，百战不殆。"了解同行的茶品种类、茶品价格、经营状况、客源等情况，有利于本茶艺馆营销策略的制定。

3. 常见营销策略

（1）节假日营销活动

节假日是亲朋好友聚会的最佳时间，也是推出营销活动的最佳时机，如元旦、中秋节、国庆节、店庆等。具体安排如下。

①确定活动方案。包括时间、地点、形式、人员、安全保障等安排。

②宣传准备。包括宣传资料、礼品的制作准备。

③场地布置。包括环境营造、音响调试等准备。

（2）非节假日的促销活动

在一周中的周一和周五，在一天里的白天（特别是上午的时间），算得上是茶艺馆的销售"淡季"。如何在这些时段增加营业额？可不定期采用以下的方式吸引顾客。

①在规定时段里消费一款茶品，可半价享受另一款茶品。

②在规定时段里消费可获赠茶点。

③在规定时段里消费可获赠折扣券。

④买一送一、买二送一。

⑤免包房费。

⑥送停车卡。

（3）开展销会

展销会也是茶艺馆的营销活动之一。它可以是集中同行的不同产品进行展销，也可以是本茶艺馆产品的展销。展销会的种类很多，有专题性的、综合性的，规模也有大有小，时间有长有短，茶艺馆可根据自身情况选择合适的形式。也可通过多种手段，如现场讲解、演示、图片、音乐、视频、模特表演等，营造出一个丰富的营销场面，这种形式综合了多种传播媒介的优点，极具感染力。具体安排如下。

①确定主题。

②确定展销商和具体茶品。

③准备各种资料，如展品、宣传手册、画册等。

④培训参展人员，如讲解员、服务员、接待员、安保人员等。

⑤布置场地，如展场整体布局、环境营造。

⑥活动经费预算，如广告费、印刷费、运输费、设计费、劳务费等。

（4）办理会员卡

办理了会员卡的消费群体，能享受比其他顾客更优惠的待遇，如免费参加会员活动、消费打折等。他们是茶艺馆的常客，能给茶艺馆带来相对稳定的收益，因此，茶艺馆应做好会员制的相关工作，精心管理，逐步扩大，使会员成为茶艺馆稳步发展的支撑力量。如设定不同档次的储值卡，使顾客享受不同等级的优惠。

任务二　茶艺师必备基本知识

一、茶艺与茶俗

所谓茶俗，是指一些地区性的用茶风俗，诸如婚丧嫁娶中的用茶风俗、待客用茶风俗、饮茶习俗等，茶俗一般指的是饮茶习俗。中国地域辽阔，民族众多，饮茶历史悠久，在漫长的历史中形成了丰富多彩的饮茶习俗。不同的民族往往有不同的饮茶习俗，同一民族也因居住在不同的省份或地区而有不同的饮茶习俗。如四川的"盖碗茶"，江西修水的"菊花茶"、婺源的"农家茶"，浙江杭嘉湖地区和江苏太湖流域的"薰豆茶"，云南白族的"三道茶"、拉祜族的"烤茶"等。茶俗是中华茶文化的构成方面，具有一定的历史价值和文化意义。茶艺注重茶的品饮艺术，追求品饮情趣。茶俗侧重喝茶和食茶，目的是解决生理需要、物质需要。有些茶俗经过加工提炼可以为茶艺，但绝大多数的茶俗只是民族文化、地方文化的一种。

二、鉴泉择水

随着人类文明的发展和进步，对饮用水也有了选择和鉴别，水也成了人们品评、欣赏、歌颂的对象。而自从饮茶进入人们的生活艺术领域后，水成了茶的色、香、味的体现者，人们对水有了更深的认识，也有了更高的要求。在饮茶的实践中积累了许多鉴别水的理论和取水的经验，从而成为饮茶艺术中的一个重要组成部分。

（一）古代对水的认识

周秦时的哲学家说"天一生水"，世间的一切事物都是由它变化而生成的。"一生二，二生三，三生万物。"人们把水看作万物之母。

老子说："上善若水，水善利万物而不争。"水成为哲人理想人格的化身。孔子说水具有德、义、道、勇、法、正、察、善、志九种美好的品行。据《荀子》记载，一次，"孔子观于东流之水"，子贡问他说："君子见大水必观焉，何也？"孔子回答说："水，滋润万物而不向万物索取什么，这是'德'；虽然也有高下曲折的时候，但总是循着一定的河道流淌，这是'义'；浩浩荡荡，不舍昼夜，好像有所追求，这是'道'；高谷深峡，奔腾而下，无所畏惧，这是'勇'；可以作为衡量事物持平与否的标准，这是'法'；持器物取水，器盈须止，否则自溢，不可多得，这是'正'；润物无声，精妙细微，无所不至，这是'察'；能够选择洁净的源泉和注入处，这是'善'；自源头流出而百折不回，这是'志'。"孔子把人类的各种美德赋之于水。

当时，人们对水质的鉴别也达到一定的深度。《淮南子·道应训》记载，楚国的白公要试试孔子的智慧，问孔子说："如果把一种水倒入另一种水中，怎么办？"孔子回答说："淄、渑之水合，易牙尝而知之。"易牙是春秋时齐国齐桓公时善于知味、调味的人，淄、渑是齐国境内的两条大河，水味不同，水质轻重不同，易牙一尝就能知道。可见那时对水的鉴别，已经到了较高水平。

唐代以前，人们对水的认识，大多是在对仙人生活描写中得以体现。屈原的《离骚》中认为仙人朝饮木兰之坠露兮，夕餐秋菊之落英。汉代，人们认为海上有三座仙山——蓬莱、方丈、瀛洲。在这三座山上，"上有仙人不知老，渴饮甘泉饥食枣"。从中说明，当时人们已经认识到水质有甘苦、清浊、高低之分。

唐代开始，随着茶品的增多，人们对茶的色、香、味的要求不断提高，对水品有了较高的要求。据唐代张又新《煎茶水记》记载，唐代的刘伯刍提出宜茶水分七等：扬子江南零水第一，无锡惠山寺石水第二，苏州虎丘寺石水第三，丹阳市观音寺水第四，扬州大明寺水第五，吴松江水第六，淮水最下第七。

陆羽在《茶经》中，把自然界中的水分为三种类型，即山水、江水、井水。唐代以后，人们关于水质高低鉴别有许多记载。宋徽宗《大观茶论》中写到"古人品水，虽曰中零、惠山为上，然人相去远近，似不易得。但当取山泉之清洁者，其次井水之常汲者为可用"，并且认为"水以清轻、甘、洁为美"。明代田艺衡的《煮茶小品》分十部分，即源泉、石流、清寒、甘香、宜茶、灵水、异泉、江水、井水、绪谈，对饮茶用水进行了系统论述。清代，根据陆以活《冷庐杂识》记载，乾隆皇帝每次出行，都会带一个特制的银质小方斗，精量各地泉水，品出各地泉水的质量高低，结果认为北京颐和园西山玉泉山水最轻，定为"天下第一泉"。

（二）水的品质要求

明人许次纾在《茶疏》中说："精茗蕴香，借水而发，无水不可与论茶也。"古人认为茶的特性——色、香、味必须依靠好水才能显现。水的品质对茶汤质量起着决定性的作用，"茶性必发于水，八分之茶，遇水十分，茶亦十分；八分之水，试茶十分，茶只八分耳"。这是明代人张大复的经验之谈。俗称"龙井茶，虎跑水""扬子江心水，蒙山顶上茶"，皆是古人追求的茶与水的最佳组合。

最早论及茶与水质的关系的是茶圣陆羽，在其《茶经·五之煮》中谈到烹茶的水质："其水，用山水上、江水中……"认为山水（即山泉）最佳，因山间的溪泉含有丰富的有益于人体的矿物质，为水中上品。茶有淡而悠远的清香，泉有缓而汩汩的清流，两者都远离尘嚣而孕育于青山秀谷，融于大自然的怀抱中。茶性洁，泉性则纯，这都是历代文人雅士孜孜以求的品性。而生于山野风谷之间的茶用流自深壑岩罅之中的泉水冲泡，自当珠联璧合、锦上添花。陆羽又进一步指出，以在石上缓流的泉水为佳。那湍急奔腾的泉水，矿物质含量过多，对人体反而有害。如茶汤中含铁质等重金属过多，则将产生沉淀作用，使茶汤色泽暗浊。如含石灰或其它金尾过多，虽不会产生沉淀，却易使茶变味。但完全不流动的"潭水"也不可煮茶，因其可能被"潜龙蓄毒"污染过而有碍人体健康。而那山谷中的陈水，多枯枝败叶，也易郁积毒素。故陆羽要求煮茶用水要"鲜活"（即"缓缓流动之山泉"）。如要用江水，则要到远离人居住的地方去取，以免人为污染；如不得已用井水则要到经常有人汲水的井中去提取，以保持水的洁净。陆羽"五之煮"的论述可谓我国最早关于饮水卫生的专论，即使用现代科学来验证，也是颇符合科学道理的。

现代科学认为：泉水涌出地面前为地下水，经地层反复过滤涌出地面时，其水质清澈透明，沿溪间流淌时又吸收了空气，增加了溶氧量，并在二氧化碳的作用下，溶解了岩石和土壤中的钠、钙、钾、镁等矿物元素，而具有矿泉水的营养成分。

古人还认为，除山水、江水、井水外，天然的雨雪水也可用来煮茶。雨水历来被美称为"天泉"。所谓阴阳之和、天地之施，水从云下，辅时生养者也。饮雨水应取和风顺雨、明云甘雨。古人认为四季之中秋水为上，梅雨次之。秋水白而洌，梅水白而甘。甘则茶味稍受影响，洌则茶味得以保全，故秋水最佳。用现代科学观点分析，秋季天高气爽，空气中的微生物和灰尘少，水因而洁净。另外，春冬之水也可饮，但以春雨较好，而夏季时的暴雨不宜饮用。

唐、宋以来，古人对烹茶用水不仅十分讲究，而且还总结出两条标准，即水质和水味，包括"清、活、轻、甘、洌"五个方面。水质要求"清、活、轻"。"清"是对浊而言的，要求水"澄之无垢、挠之不浊"；"活"是对死而言的，要求水"有源有流"，不是静止水；"轻"是对重而言的，好水"质地轻，浮于上"，劣水"质地重，沉于下"。水味要求"甘、洌（清冷）"。"甘"是指水含于口中有甜美感，无咸苦感。"洌"则是指水含于口中有清凉感。

1.水质的清、活、轻

田艺蘅说水之清，是"朗也，静也，澄水貌"。他把"清明不淆"的水称为"灵水"。饮用水应当质地洁净，这是一般常识，烹茶用水尤应洁净。明代熊明遇《罗岕茶记》中说："烹茶，水之功居大。"水不洁净则茶汤混浊，难以人人眼。水质清洁而无杂质，才能显出茶色。宋代斗茶的茶汤以白而稍带青色为好，就是以水的清洁作为斗茶用水的第一标准，要取"山泉之清洁者"，宋徽宗说有的江河之水，有"鱼鳖之腥，泥泞之"，这样的水，"虽轻、甘无取"。为了达到清洁的目的，除了注意选择水泉以外，古人还很注意水的保养。古人常常在水坛里放入白石等物，一是认为能养水味，二是认为能澄清水中杂质。田艺衡说："移水取石子置瓶中，虽养水味，亦可澄水，令之不淆。"他又说："择水中洁净白石，带泉煮之，尤妙！尤妙！"还有用石子来洗水的，方法是取洁净的石子放在筛子状的有孔器物中，以所保藏之水淋其上。这样也可以滤去水中杂质。田艺衡说："移水以石洗之，亦可以去其摇荡之浊滓。"明代还有人在贮水器中放入一块灶膛中长年经烧后的坚硬的灶土的，并美其名为"伏龙肝"。罗廪《茶解》记此事，说"大瓷瓮满贮，投伏龙肝块一块，乘热投之。"明人著作而托名为南宋赵希鹄的《调燮类编》，认为这样可以防止水中生孑孓之类的水虫。因为古人得一好水，常常经年贮存，不轻易饮用，如《红楼梦》第四十一回记妙玉泡茶款待黛玉等，用的是五年前在玄墓蟠香寺收集的梅花上的雪水，所以对这种常年存放的水，要防止生水虫。

饮茶用水要清，这是古人最基本的要求，以清为首，才能做到活、轻、甘、冽。直到今天，我们对日常饮用水的最低要求也还是如此。煎茶的水要活，古人对此有深刻的认识，并常常赋之以诗文。苏东坡有一首《汲江煎茶》诗，前四句诗：活水还需活火烹，自临钓石取深清。大瓢贮月归春瓮，小勺分江入夜瓶。

南宋胡仔在《苕溪渔隐丛话》中说："此诗奇甚！茶非活水，则不能发其鲜馥，东坡深知此理矣！"还有借歌咏活水来表达一种哲学意识的，如朱熹诗：半亩方塘一鉴开，天光云影共徘徊。问渠那得清如许，为有源头活水来。写得生动、形象而发人深思。田艺衡说："泉不活者，食之有害。"水虽然以有源有流为活水，但如激流瀑布之水，古人也不主张用来煎茶，这在陆羽《茶经》中已经指出，明顾元庆《茶谱》说："山水乳泉漫流者为上，瀑涌湍急勿食。"田艺衡也说："泉悬出为沃，瀑溜曰瀑，皆不可食。"古人说这种水"气盛而脉涌"，没有中和淳厚之气，与茶皆不相合，而这种水"取以酿酒或有力"。

煎茶用水还要以轻为好。古人所说的水之轻、重，和现代科学中所说的软水、硬水有相似之处，古人得之于直观，现代科学中的软水、硬水则是通过化学分析手段来鉴别的。

现代科学中，每升水含有八毫克以上钙镁离子的称为硬水，反之为软水。实践证明，用软水泡茶，茶汤的色、香、味三者俱佳，用硬水泡茶，则茶汤变色，香、味也大减。水的轻、重，还应包括水中所含其他矿物质成分的多少，如铁盐溶液、碱性溶液，都能增加水的重量。用含铁碱过多的水泡茶，茶汤上会浮起一层发亮的"锈油"，使人产生不快感，茶汤味也会变涩。现代科学还证明，自然界中的水，只有雪水、雨水为纯软水，所以古人喜欢用这种"天泉"煎茶，是合乎科学道理的。而水质较好的泉水、江水等，虽然不是纯软水，但它们除含有碳酸氢钙和碳酸氢镁等杂质以外，没有或很少有其他矿物质，同时，上述碳酸氢钙、碳酸氢镁在煮茶时，经高温又可分解，形成"水垢"沉入壶底，这样也变成了软水。由此看来，古人论水质的优劣以水的轻重为重要标准，是很有道理的。

清代人最讲究以水的轻、重来辨别水质的优劣，并以此鉴别出各地水的品第。玉泉水早在明代就很著名。明焦竑《玉堂丛语》记载："黄谏尝作京师泉品：郊原玉泉第一，京城文华殿东大庖井第二。"今天，由于地下水位的下降，玉泉山泉水已经枯竭，唯有泉水池边石上的"天下第一泉"尚依稀可辨。当时饮用玉泉水，还有"以水洗水"之说。乾隆皇帝出巡时以玉泉山水随行。"然或经时稍久，舟车颠簸，色味或不免有变，可以他处泉水洗之，一洗则色人古焉。"洗的方法是，以容量较大的器具，装若干玉泉水，在器壁上做上记号，记住分寸，然后倾入其它泉水，加以搅动，搅后待静止，这样，则"污浊皆沉淀于下，而上面之水清澈矣"。因为"他水质重，则下沉，玉泉体轻，故上浮，提而盛之，不差锱铢"。（《清稗类钞》）这是借助水质轻重的不同来以水洗水。唐代陆羽能辨别扬子江南零水真伪，人们向来认为不可思议，实际上也是用的这种方法。李季卿在扬州遇见陆羽，让陆羽用扬子江南零水煎茶，这水是李季卿令他的仆人划着小舟去江中心取来的，由于江水汹涌，一叶小舟摇荡不止，等到了岸边，水只剩下一半，这仆人害怕水不够用，又懒得重返江心再汲，于是就舀了一些岸边的水掺和到里面。陆羽用勺子舀起一勺，扬了扬说："这水倒是江水，但不是江中心的南零水，和岸边江水相似。"仆人不认错，说："我划船深入江心，见到的人很多，难道是假的吗？"陆羽没再多说，待了一会，水已静止，于是让人把水倒入另一贮水器中，倒掉一半时，陆羽让不要再倒了，说："这个地方为止，才是南零水。"仆人"蹶然大骇"，赶快伏地请罪，说出了事情的原委，并说："处士之鉴，神鉴也。"现在我们明白了陆羽是用水质轻重不同的办法来鉴别不同的水，也就觉得不是那么神秘莫测了。

2. 水味的甘、冽

甘冽，古人也说甘冷，如宋代诗人杨万里有"下山汲井得甘冷"的诗句。还有称为甘香的，如田艺衡说"甘，美也；香，芬也"，又说"泉惟甘香，故能养人"，又说"味美者曰甘泉，气芬者曰香泉"。其实他在这里所说的香，也是水味的一种。古人认为水味的甘，对饮茶用水来说很重要，明屠隆说："凡水泉不甘，能损茶味。"水味有甘甜、苦涩之别，今天还是不难品味的。自然界有些水，用舌尖舔尝一下，口颊之间就会生出甜丝丝的感觉。古人说雨水最饶甜味，而又以江南梅雨时的雨水最甜，明罗廪《茶解》说："梅雨如膏，万物赖以滋养，其味独甘，梅后便不堪饮。"水的冷冽，也是煎茶用水所要讲究的。古人说，水"不寒则烦躁，而味必啬"，啬就是涩的意思。但也不是凡清寒冷冽的水就一定都好，如田艺衡所说："泉不难于清，而难于寒。其瀺峻流驶而清、岩奥阴积而寒者，亦非佳品。"讲水的冷冽，古人最推崇冰水。古人饮用冰水，早在饮茶之风普及以前就有记载。近代人秦王嘉在《拾遗记》中说："蓬莱山冰水，饮者千岁。"这虽然是对仙人生活的描写，但可以证明人们对冰水有了如同"泉""甘泉"一样的理解。唐、宋人有以冰水来煎茶的，如唐代诗人郑谷有诗说"读《易》明高烛，煎茶取水冰"，宋杨万里有诗说"锻圭椎璧调冰水"，都是说的用融冰之水煎茶。古人还以雪水煎茶，一是取其甘甜，二是取其清冷。陆羽品水，即列出雪水。

但应该指出的是，茶也能改变水质。如使用味道稍苦涩的水泡茶，则水质也可明显改变。

三、茶具的选配

茶具

（一）茶具色泽的选配

1. 绿茶类

名优茶：透明无花纹、无色彩无盖玻璃杯或白瓷、青瓷、青花瓷无盖杯。

大宗茶：单人用具，夏秋季可用无盖、有花纹或冷色调的玻璃杯；春冬季可用青瓷、青花瓷等各种冷色调瓷盖杯。多人用具，宜用青瓷、青花瓷、白瓷等各种冷色调壶杯具。

2. 黄茶类

奶白瓷、黄釉瓷和以黄、橙为主色的五彩壶杯具、盖碗和盖杯。

3. 红茶类

条红茶：紫砂（杯内壁上白釉）、白瓷、白底红花瓷、各种红釉瓷的壶杯具、盖杯、盖碗。

红碎茶：紫砂（杯内壁上白釉）以及白、黄底色描橙、红花和各种暖色瓷的咖啡壶具。

4. 白茶类

白瓷或黄泥炻器壶杯，或用反差极大且内壁有色的黑瓷，以衬托出白毫。

5. 乌龙茶类

轻发酵及重发酵类：白瓷及白底花瓷壶杯具或盖碗、盖杯。

半发酵及轻、重焙火类：朱泥或灰褐系列炻器壶杯具。

半发酵及重焙火类：紫砂壶杯具。

6. 黑茶类

盖碗和盖杯、紫砂壶杯具。

（二）茶具质地的选择

器具质地主要是指密度。根据不同茶叶的特点，选择不同质地的器具，才能相得益彰。密度高的器具，因气孔率低、吸水率小，可用于冲泡清淡风格的茶。如冲泡各种名优茶、绿茶、花茶、红茶及白毫乌龙等，可用高密度瓷或银器，泡茶时茶香不易被吸收，显得特别清冽，透明玻璃杯亦可用于冲泡绿茶，香气清扬又便于观形、色。而那些香气低沉的茶叶，如铁观音、水仙、普洱等，则常用低密度的陶器冲泡，主要是紫砂壶，因其气孔率高、吸水量大，故茶泡好后，持壶盖即可闻其香气。在冲泡乌龙茶时，同时使用闻香杯和啜茗杯后，闻香杯中残余茶香不易被吸收，可以用手捂之，其杯底香味在手温作用下很快散发出来，达到闻香的目的。器具质地还与施釉与否有关。原本质地较为疏松的陶器，若在内壁施了白釉，就等于穿了一件保护衣，使气孔封闭，成为类似密度高的瓷器茶具，同样可用于冲泡清淡的茶类。这种陶的吸水率也变小了，气孔内不会残留茶汤和香气，清洗后可用来冲泡多种茶类，性状与瓷质、银质的相同。未施釉的陶器，气孔内吸附了茶汤与香气，日久冲泡同一种茶还会形成茶垢，不能用于冲泡其他茶类，以免串味，而应专用，这样才会使香气越来越浓郁。据民间传说，一把祖孙三代传下的紫砂茶壶，积了厚厚的茶垢，不必放茶叶用开水即可泡出香茶来，令人神往不已。传说当然有其夸张性，但也从一个侧面说明了专用冲泡的好处。

（三）茶具选配的原则

选配茶具，除了看它的使用性能外，茶具的艺术性、制作的精细与否，又是人们选择的另一个重要标准。如果是一位收藏家，那么，他对茶具艺术的追求更胜过对茶具实用性的要求。

1. 因茶制宜

古往今来，大凡讲究品茗情趣的人，都注重品茶韵味，崇尚意境高雅，强调"壶添品茗情趣，茶增壶艺价值"，认为好茶好壶，犹似红花绿叶，相映生辉。对一个爱茶人来说，不仅要会选择好茶，还要会选配好茶具。

因此，在历史上，有关因茶制宜选配茶具的记述是很多的。唐代陆羽通过对各地所产瓷器茶具进行比较后认为："邢（今河北巨鹿以西，河南沙河以北地方）不如越（今浙江绍兴萧山、浦江、上虞、余姚等地）。"这是因为唐代人们喝的是饼茶，茶须烤炙研碎后，再经煎煮而成，这种茶的茶汤呈"白红"色，即"淡红"色。一旦茶汤倾入瓷茶具后，汤色就会因瓷色的不同而起变化。"邢州瓷白，茶色红；寿州（今安徽寿县、六安、霍山、霍邱等地）瓷黄，茶色紫；洪州（今江西修水、锦江流域和南昌、丰城进贤等地）瓷褐，茶色黑，悉不宜茶。"而越瓷为青色，倾入"淡红"色的茶汤，呈绿色。陆羽从茶叶欣赏的角度，提出了"青则益茶"，认为以青色越瓷茶具为上品。而唐代的皮日休和陆龟蒙则从茶具欣赏的角度提出了茶具以色泽如玉，又有画饰的为最佳。从宋代开始，饮茶习惯逐渐由煎改为"点"，团茶研碎经"点"后，茶汤色泽已近"白色"了。这样，唐时推崇的青色茶碗也就无法衬托出"白"的色泽。而此时作为饮茶的碗已改为盏，对盏色的要求也就起了变化，"盏色贵黑青"，认为黑釉茶盏才能反映出茶汤的色泽。宋代蔡襄在《茶录》中写道："茶色白，宜黑盏。建安（今福建建瓯）所造者绀黑，纹如兔毫，其坯微厚，煵之久热难冷，最为要用。"蔡氏特别推崇"绀黑"的建安兔毫盏。

明代，由宋时的团茶改饮散茶。明代中期以后，散茶流行，茶汤已由宋代的"白色"变为"青色"，这时对茶盏的要求当然不再是黑色了，而是崇尚白色。对此，明代的屠隆就认为茶盏"莹白如玉，可试茶色"。明代张源的《茶录》中也写道："茶瓯以白磁为上，蓝者次之。"明代中期以后，瓷器茶壶和紫砂茶具兴起，茶汤与茶具色泽不再有直接的对比与衬托关系。人们的注意力转移到茶汤的韵味上来了，对茶叶色、香、味、形的要求，主要侧重于"香"和"味"。这样，人们对茶具特别是对壶的色泽，并不给予较多的注意，而是追求壶的"雅趣"。明代冯可宾在《芥茶笺》中写道："茶壶以小为贵，每客一把，任其自斟自饮，方为得趣。何也？壶小则香不涣散，味不耽搁。"强调茶具选配得体，才能尝到真正的茶香味。清代以后，茶具品种增多，形状多变，色彩多样，再配以诗、书画、雕等艺术，从而把茶具制作推向新的高度。而多茶类的出现，又使人们对茶具的种类与色泽、质地与式样，以及茶具的轻重、厚薄、大小等，提出了新的要求。一般来说，饮用花茶，为保持香气，可用壶泡茶，然后斟入瓷杯饮用。饮用大宗红茶和绿茶，注重茶的韵味，可选用有盖的壶、杯或碗泡茶；饮用乌龙茶则重在"啜"，宜用紫砂茶具泡茶；饮用红碎茶与工夫红茶，可用瓷壶或紫砂壶来泡茶，然后将茶汤倒入白瓷杯中饮用。如果是品饮西湖龙井、洞庭碧螺春、君山银针、黄山毛峰等细嫩名茶，则用玻璃杯直接冲泡最理想。至于其他细嫩名优绿茶，除选用玻璃杯冲泡外，也可选用白色瓷杯冲泡饮用。但不论冲泡何种细嫩名优绿茶，茶杯均宜小不宜大，大则水量多，热量大，会将茶叶泡熟。首先会使茶叶色泽不再绿翠；其次会使芽叶软化，不能在汤中林立，失去姿态；最后会使茶香减弱，甚至产生"熟汤味"。此外，冲泡红茶、绿茶、黄茶、白茶，使用盖碗也是可取的。

在民间，有"老茶壶泡，嫩茶杯冲"之说。这是因为较粗老的老叶，用壶冲泡，一则可保持热量，有利于茶叶中的水浸出物溶解于茶汤，提高茶汤中的可利用部分；二则较粗老茶叶缺乏观赏价值，用来敬客，不大雅观，这样，还可避免失礼之嫌。而细嫩的茶叶，用杯冲泡，一目了然，同时可获得物质享受和精神享受。

2. 因地制宜

中国地域辽阔，各地的饮茶习俗不同，故对茶具的要求也不一样。长江以北一带，大多喜爱选用有盖瓷杯冲泡花茶，以保持花香，或者用大瓷壶泡茶，尔后将茶汤倾入茶盅饮用。在长江三角洲沪杭宁和华北京津等地一些大中城市，人们喜欢品细嫩名优茶，既要闻其香，啜其味，还要观其色，赏其形，因此，特别喜欢用玻璃杯或白瓷杯泡茶。在江、浙一带的许多地区，饮茶注重茶叶的滋味和香气，因此喜欢选用紫砂茶具泡茶，或用有盖瓷杯沏茶。福建及广东潮州、汕头一带，习惯于用小杯啜乌龙茶，故选用"烹茶四宝"——潮汕风炉、玉书碨、孟臣罐、若琛瓯泡茶，以鉴赏茶的韵味。潮汕风炉是一只缩小了的粗陶炭炉，专作加热之用；玉书碨是一把缩小了的瓦陶壶，高柄长嘴，架在风炉之上，专作烧水之用；孟臣罐是一把比普通茶壶小一些的紫砂壶，专作泡茶之用；若琛瓯是只有半个乒乓球大小的 2～4 只小茶杯，每只只能容纳 4 毫升茶汤，专供饮茶之用。小杯啜乌龙，与其说是解渴，还不如说是闻香玩味。这种茶具往往被看作一种艺术品。四川人饮茶特别钟情盖茶碗，喝茶时，左手托茶托，不会烫手，右手拿茶碗盖，用以拨去浮在汤面的茶叶，加上盖，能够保香，去掉盖，又可观姿察色。选用这种茶具饮茶，颇有清代遗风。至于我国边疆少数民族地区，至今多习惯于用碗喝茶，古风犹存。完美的茶具，它的要求应该是多方面的，但从茶具本身的立场来说，应首重其实用性，所以，操作方便、外形美观且实用是茶具最基本的条件。一把壶是否具有良好的实用性，可从是不是好握、重心是否能掌握得住、握把的大小是否适中、嘴流的出水是否顺畅、壶内会不会有残水的余留及茶壶是否有破裂或瑕疵等方面来加以观察。由茶壶声音频率的高低，可以测出茶壶适合冲泡的茶叶，声音高的适合泡清香的茶叶；声音低的则适合冲泡熟香的茶叶，这样泡出的茶汤会较醇和、甘滑。平常我们在买壶时，可考虑在家里饮茶人数的多寡，也不妨准备几把从个人品茗、三四人喝茶到十几人用的茶壶。壶的大小及形状对茶汤的味道有很大的影响，一般而言，圆形的茶壶在茶叶的舒展及茶汤上的表现较好，而小壶则较好掌握茶叶的特性。所以依日常喝茶时的需要来考虑所冲泡的茶叶，来选择搭配的器具，这样才能使我们很轻松、愉快地享受到喝茶的乐趣。茶壶除了平日的冲泡之外，更需要做适当的保养。一把新买的茶壶，可用茶汤或煮茶的方法，去其土味，一段时间后即可开始拿来泡茶。在天气闷热潮湿时，所有泡过的茶壶，应该尽快去渣，清洗干净，以免茶叶酸馊，使其味道久久难以去除，影响茶汤的滋味。紫砂壶、陶壶除了在茶汤香气、滋味上表现良好之外，更让人着迷的是茶壶在吸取茶汤之后，所产生的光泽变化。有人为了让茶壶在短时间就产生光泽，往往不去理会附着于茶壶外表的茶垢，殊不知这只是所谓的"和尚光"，不是茶壶所真正散发出来的自然光泽，而且也不太符合卫生的要求。其实茶壶只要经过我们细心的保养、擦拭，日久自然会焕发出光泽。"茶""壶"两者在中国的饮茶文化中，有着相当大的关联性。喝茶讲究茶汤之香气、韵味，而茶壶的欣赏在于外观的视觉、内在骨胎质料的坚润性及吸收茶汤后的肌理变化。茶壶的把玩、鉴赏，亦随着每个人欣赏的角度与层次而异，不论是具有历史年代的古壶、宜兴壶、手拉坯壶还是一般的陶壶，都各有其吸引人之处。茶壶的好坏也不是以价格的高低去衡量，璞石之中含有璧玉，从一个创作者的作品，可看出其所下的苦心和它的精神内涵，这是需要独具慧眼者与其产生共鸣的。选购时，应考虑其实用性及艺术性，但最重要的还是茶壶的原料。茶壶的造型变化多端、层出不穷，由于市场的变革，使得许多茶具徒有外形，而根本谈不上基本的实用要求。许多人赶着"玩茶壶"的风潮，盲目抢购，至于什么是好玩的茶壶，还是要用"心"来体会的。现代饮茶，普遍流行的有绿茶、红茶、花茶、乌龙茶、紧压茶。此外，各地区、各民族还有不同风格的风俗茶。各种茶类的泡饮，其使用的器皿，有共同的，也有专用的。

目前通常的泡茶方法，根据茶叶种类的不同而不同。

绿茶：用壶煮水，以杯（或盏）沏茶。杯（盏）一般通用敞口，不需加盖。比较讲究一点的，加用杯（盏）托盘。

红茶：以壶煮水以盖碗或盖杯沏茶，以敞口杯（盏）分茶。盖碗置茶托，碗、杯均置茶荷上，便于斟茶时沥去茶水。

花茶：以茶壶或盖杯沏茶，以小杯（盏）分茶。

乌龙茶：茶具构制小巧，通称"四宝"。即："玉书碨"（开水壶）、潮汕炉（火炉）、孟臣罐（茶壶）、若琛瓯（茶杯）。孟臣罐和若琛瓯都有深沿托盘，可以在涤器、烫罐时盛水。

四、茶艺技能

（一）茶艺技能的基本功

茶艺是泡茶与饮茶的技艺。泡茶，是用开水浸泡成品茶，使茶中可溶物质溶解于水，成为茶汤的过程。粗看起来，是人人皆会的，没有学问，其实不然。有的人天天泡茶，但未必领略了泡茶真谛，对各种茶的沏泡特点也不一定能够掌握自如。因为泡茶是一门综合艺术，需要较高的文化修养，即不仅要有广博的茶文化知识及对茶道内涵的深刻理解，而且要具有高度的文明美德，同时深谙各民族的风土人情。

1.茶具的取放方法

茶具的摆放是极富科学性和艺术性的。取放茶具要"轻""准""稳"。"轻"是指轻拿轻放茶具,既表现了茶人对茶具的珍爱之情,同时也是茶艺师个人修养的体现。"准"是指茶具取出和归位要准,要取哪个茶具,眼、手应准确到位,不能毫无目的。同时,茶具需归位时应归于原位,不能因取放过程而失去原有的位置。"稳"是指取放茶具的动作要稳,速度要均匀、茶具本身要平稳、每次停顿位置要协调,给人以稳重大方的美感。

2.水的控制

在茶的冲泡过程中,水的控制尤为重要。

(1)水温

水温的高低因茶而异,茶越细嫩水温越低,茶越粗老水温越高。对水温的控制要经过长时间的实践练习才能掌握。如八九十度的水温是在水开后多久才能达到,这与煮水时的茶具、室内的温度等客观因素都有关。同样,高温水的维持也要十分注意,水不能长时间煮沸,这是用水常识,但是在是冲泡乌龙茶时,每一泡都对水温有要求,我们就要在用水时注意及时调整随手泡的开关或添加清水。沏茶的水温高低是影响茶叶水溶性内含物浸出和香气挥发的重要因素。水温过低,茶叶的滋味成分和香味就不易充分溢出;水温过高,特别是闷泡,则易造成茶汤的汤色和茶叶的暗黄,且香气低。但用煮沸过久的水沏茶,则茶汤的新鲜风味也要受损。故沏茶究竟用什么温度的水,要因茶而异。

不同茶类对沏茶水温的要求也不同。一般来说,细嫩的高级绿茶,以水温85℃左右的水冲泡为宜,如沏名茶碧螺春、明前龙井、太平猴魁、武夷大红袍、黄山毛峰、君山银针等,切勿用沸水冲泡。因芽叶细嫩,用沸水会将芽叶烫泡至过热而变黄变老,失去茶叶的香味。可将沸水先冲入保温瓶内,过一段时间,待水温下降至85℃左右时再沏茶。而乌龙和中低档花茶宜用沸水冲泡;红茶如滇红、祁红等可用沸水冲泡;普洱茶用沸水冲泡,才能泡出其香味,且要即冲即饮;沏水后以浸泡2~3分钟为佳,勿超过5分钟,以保持茶香;一般绿茶、红茶、花茶等,也宜用刚沸的水沏茶;而原料粗老的紧压茶类,不宜用沸水沏,需用煎煮法才能使水溶性物质较快溶解,以充分提取出茶叶内的有效成分,保持鲜爽味。但仅从营养角度考虑,用沸水沏茶可使茶水中的水溶性物质较快较多地溢出。经研究,同样的沏茶时间,用沸水冲茶,茶叶中的有效成分的浸出量为用低温水冲泡的2倍。随着沏茶水温的提高,茶叶中的茶多酚、氨基酸、糖类、咖啡碱等成分的浸出率相应增大,除蛋白质、脂肪和糖类外,水温90℃升至100℃时,浸出率的增幅最大。说明沏茶水温的提高有利于茶叶有效成分的浸出,对人体健康有益,同时也有利于茶汤浓度的提高。关于煮水时"汤候"的掌握,应以水面泛"蟹眼"气泡过后,"鱼眼"大气泡刚生成时沏茶最佳。同时应注意煮水时宜"猛火急烧",忌"文火久沸"。

(2)水流

对水流的控制也要多加实践。在茶的冲泡过程中,或纤细晶莹或瀑布飞溅或急或缓的水柱,既是发挥茶性的需要,也是茶艺之美的体现。水流的粗、细、快、慢、出水、收水的自然及水线的连绵不断,都是由手腕在运壶过程中的变化产生的。因此,执壶冲水、凤凰三点头等诸多水的控制的练习,还有不同茶具的出水、收水的练习都是茶艺师的基本功,特别是初学者,要养成良好的用水习惯。

（3）掌握沏茶的茶水比

沏茶时，茶与水的比例称为茶水比。不同的茶水比，沏出的茶汤的香气高低、滋味浓淡各异。茶水比过小（沏茶的用水量多），茶叶在水中的浸出物绝对量则大，由于用水量大，茶汤就味淡香低；如茶水比过大（沏茶的用水量少），因用水量少，茶汤则过浓而滋味苦涩，同时又不能充分利用茶叶浸出物的有效成分。故沏茶的茶水比应适当。由于茶叶的香味、成分含量及其溶出比例不同，以及各人饮茶习惯的不同，对香味、浓度的要求不同，对茶水比的要求也不同。而不同的茶类也有不同的沏茶方法。

一般认为，冲泡绿茶、红茶、花茶的茶水比约以 1：50 为宜（即用普通玻璃杯、瓷杯沏茶，每杯约置 3 克茶叶，可冲入不低于 150 毫升的沸水）。品饮铁观音、武夷岩茶等乌龙茶类，因对茶汤的香味、浓度要求高，茶水比可适当放大，以 1：20 为宜（3 克茶叶，冲入 60 毫升以上的水）。再从个人嗜好、饮茶时间来讲，喜饮浓茶者，茶水比可大些；喜饮淡茶者，茶水比可小些；饭后或酒后适度饮茶，茶水比可大些；临睡前宜饮淡茶，茶水比则应小些。用茶壶沏茶，用水量不宜过大。若一次冲泡水量过多，则壶内热量增大，易使茶汤味变淡，甚至会将茶叶烫熟，减少香味，同时还易破坏茶中的维生素 C。若水量过少，会使水中氨基酸与儿茶素的比例失调，使茶叶苦涩不爽，更影响口腔内用以品味的黏膜和味蕾的感觉。一般用紫砂壶泡较名贵的茶叶，使用容量为 150 毫升至 200 毫升的中型壶为宜。壶内放置的茶叶也应适中，过多过少也影响茶味。在中型壶内放置壶内容积三分之一的茶叶较合适，也可以每 1 克茶叶冲入 50 毫升的水（细嫩茶叶的用水量适当减少，粗茶叶的用水量再适当增多）。

3. 掌握沏茶浸泡的时间

当茶水比和水温一定时，溶入茶汤的滋味成分则随着时间的延长而增加。因此茶的冲泡时间和茶汤的色泽、滋味的浓淡爽涩密切相关。另外，茶汤冲泡时间过久，茶叶中的芳香物质等会自动氧化，降低茶汤的色、香、味；而且茶汤搁置时间过久，还易受环境的污染。如茶叶的浸泡时间特别长，则茶叶中的碳水化合物与蛋白质易滋生细菌而引起霉变，对人体健康造成危害。故日常家庭沏茶也要掌握沏泡的时间。沏茶时间短，茶汁没有泡出；沏茶时间长，茶汤会有焖浊滋味。日常沏茶提倡边泡边饮。一般红绿茶以冲泡五分钟为宜；红碎茶、绿碎茶因经揉切作用，颗粒细小，茶叶中的成分易浸出，冲泡三四分钟即可（如在茶中加糖或加奶后再冲泡也以五分钟为宜）；乌龙茶因沏茶时要先用沸水浇淋壶身以预热，且茶水比重大，故第一次冲泡时间为一分钟，第二次冲泡时间为一分半，第三次为二分钟，第四次为二分半，依次递增，以使茶汤不会先浓而淡；紧压茶为获得较高浓度的茶汤，用煎煮法煮沸茶叶的时间应控制在十分钟以上。

4. 掌握沏茶时投茶叶的先后

沏茶时在杯中放置茶叶有三种方法。日常沏茶都习惯先放茶叶，后冲入沸水，此称为"下投法"；沸水冲入杯中约三分之一容量后再放入茶叶，浸泡一定时间后再冲满水，称"中投法"；在杯中先冲满沸水后再放茶叶，称为"上投法"。不同的茶叶种类，因其外形、质地、比重、品质及成分浸出率的异同，而应有不同的投茶法。对身骨重实、条索紧结芽叶细嫩、香味成分高，并对茶汤的香气和茶汤色泽均有要求的各类名茶，可采用"上投法"。条形松展、比重轻、不易沉入茶汤中的茶叶，宜用"下投"或"中投法"。对于不同的季节则可以采用"秋季中投，夏季上投，冬季下投"的方法。

5. 掌握沏茶的次数

一杯茶，其冲泡次数也宜掌握一定的"度"。一般茶叶在冲泡三次后就基本无茶汁了。根据测定，头泡茶汤含水浸出物为总量的 50% 左右；二泡茶汤含水浸出物为总量的 30% 左右；三泡茶汤含水浸出物为总量的 10% 左右；而四泡则仅为 1%～3% 了。日常沏茶，无论绿茶、红茶、乌龙茶、花茶，均采用多次冲泡法，一般以冲泡三次为宜，以充分利用茶叶中的有效成分。

6. 行茶动作

行茶过程中，身体保持良好的姿态，头要正、肩要平，动作过程中眼神与动作要和谐自然，在泡茶过程中要沉肩、垂肘、提腕，要用手腕的起伏带动手的动作，切忌肘部高高抬起。冲泡过程中左右手要尽量交替进行，不可总用一只手去完成所有动作，并且左右手尽量不要有交叉动作。冲泡时要掌握高冲低斟原则，即冲水时可悬壶高冲，或根据泡茶的需要采用各种手法，但如果是将茶汤倒出，就一定要压低泡茶壶，使茶汤尽量减少在空气中的时间，以保持茶汤的温度和香气。

（二）习茶技艺

1. 环境

品茗是一种享受。所以，要掌握品茶环境的选择及布置技艺。茶室常常选择在游览胜地或僻静乡间幽静之处。即使在闹市，也要设法闹中取静。如一些茶艺馆在环境布置上选择木、竹、布等融入自然的装饰，创造出一番和谐、自然的环境，使人有一种回归自然的感觉。如果在工作单位或家中客厅招待客人，也要有一番讲究，但以简朴雅观为宜，既要整洁舒适，又不致使人拘束。幽雅的檀香，营造安逸肃静的气氛；古典的音乐，使人的精神得以放松；插花、字画使人在古典文化的气氛中在品茶的同时品味人生。

2. 备茶

以茶待客要选用好茶。所谓好茶，应注意两个方面，一方面，茶叶的品质要好，应选上等的好茶待客。运用茶艺师所掌握的茶叶审评知识，通过人的视觉、嗅觉、味觉和触觉来审评茶的外形、色泽、香气、滋味、汤色和叶底，判断、选择品质最优的茶叶奉献给客人。另一方面，择茶要根据客人的喜好来选择茶叶的品种，同时，也应根据客人的口味的浓淡来调整茶汤的浓度。一般待客时可事先了解或当场询问对方的喜好，同时，作为茶艺师也应根据客人情况的不同有选择地推荐茶叶，如女士可选择有减肥、美容功能的乌龙茶，男士可推荐降血脂效果显著的普洱茶等。同时，为了迎合四季的变化，增加饮茶的情趣，也可根据季节选择茶叶。春季饮花茶，万物复苏，花茶香气浓郁充满春天的气息。夏天饮绿茶，消暑止渴，同时，绿茶以新为贵，也应及早饮用。秋季饮乌龙茶，乌龙茶不寒不温，介于红茶、绿茶之间，香气迷人，又助消化。冲泡过程充满情趣，而且耐泡，在丰收的季节里，适于家庭团圆时饮用。冬季饮红茶，红茶味甘性温，能驱走寒气，增加营养、有暖胃的功能。同时，红茶可调饮，充满浪漫气息。

茶艺师择茶后，还要将茶叶的产地、品质特色、名茶文化及冲泡要点对客人进行介绍，以便客人更好地赏茶、品茶，在得到物质享受的同时也能得到精神的熏陶。

3. 选具

选择泡茶的器具，一要看场合，二要看人数，三要看茶叶。优质茶具冲泡上等名茶，两者相得益彰，使人在品茗中得到美好的享受。如名优绿茶应选用无花、无色的透明玻璃杯，既适合于冲泡绿茶所需的温度，又能欣赏到绿茶汤色及芽叶变化的过程；青茶则选用质朴典雅的紫砂壶；花茶则选用能够保温留香的盖碗。茶具的选择也与茶叶品质有关，如外形一般的中档绿茶就要选择瓷壶冲泡了。泡饮用器要洁净完整，选择时应注意色彩的搭配、质地的选择，且整套茶具要和谐。茶具的摆放要布局合理，实用、美观，注重层次感，有线条的变化。摆放茶具的过程要有序，左右要平衡，尽量不要有遮挡。如果有遮挡，则要按由低到高的顺序摆放，将低矮的茶具放在客人视线的最前方。为了表达对客人的尊重，壶嘴不能对着客人，而茶具上的图案要正向客人，摆放整齐。

4. 择水

茶叶必须通过开水冲泡才能为人们所享用，水质直接影响茶汤的质量，所以中国人历来非常讲究泡茶用水。自古茶人就强调"水为茶之母"，因为水中不仅溶解了茶的芳香甘醇，而且溶解了茶道的精神内涵、文化底蕴和审美理念。烹茶鉴水，也就成为中国茶道的一大特色。在选水时以清澈甘洌的泉水为佳，在生活中可选用矿泉水和纯净水来泡茶。

5. 科学行茶

对于冲泡艺术而言，非常重要的一点是讲究理趣并存的程序，讲究形神兼备。茶的冲泡程序可分为以下四个阶段。

①准备阶段：营造环境、选茶、备具、备水；
②冲泡阶段：赏茶、烫涤茶具、正式冲泡；
③敬品阶段：奉茶敬客、品茶；
④结束阶段：收具还原。

6. 奉茶的礼仪

由于中国南北待客礼俗各有不同，因此可不拘一格。常用的奉茶方法一般为在客人左边用左手端茶奉上，而客人则用右手伸掌姿势进行对答礼仪，或从客人正面双手奉上，用手势表示请用，客人同样用手势进行对答（宾主都用右手伸掌作请的姿势）。奉茶时要注意先后顺序，先长后幼、先客后主。斟茶时也应注意不宜太满。"茶满欺客，酒满心实。"这是中国谚语。俗话说，"茶倒七分满，留下三分是情分"，这既表明了宾主之间的良好感情，又出于安全的考虑，七分满的茶杯非常好端，不易烫手。同时，在奉有柄茶杯时，一定要注意茶杯柄的方向是客人的顺手面，即有利于客人右手拿茶杯的柄。

7. 品茶

品茶包括四方面内容：一审茶名，二观茶形色泽（干茶、茶汤），三闻茶香（干茶、茶汤），四尝滋味。茶叶的名称是茶文化的一部分，俗话说"茶叶学到老，茶名记不了"。茶叶名称有的是出自产地，有的源于传说，很值得细细品味。欣赏干茶，即在选茶后对茶的欣赏，既包括茶的产地、传说故事、诗词等名茶文化的内容，也包括茶的外形、色泽、香气等品质特征。品尝茶汤的过程：先闻茶香，无盖茶杯是直接闻茶汤飘逸出的香气，如用盖杯、盖碗，则可取盖闻香。温嗅主要评比香气的高低、类型、清浊，冷嗅主要看其香的持久程度。然后再观看茶汤色泽。茶汤色泽因茶而异，即使是同一种茶类的茶汤色泽也有一点不同，大体上说，绿茶茶汤翠绿清澈，红茶茶汤红艳明亮，乌龙茶茶汤黄亮浓艳各有特色。最后尝味：小口喝茶，细品其味，使茶汤从舌尖到舌两侧再到舌根，可辨绿茶的鲜爽、红茶的浓甘，同时也可在尝味时再体会一下茶的茶气。茶叶中鲜味物质主要是氨基酸类物质，苦味物质是咖啡碱，涩味物质是多酚类，甜味物质是可溶性糖。红茶制造过程中多酚类的氧化产物有茶黄素和茶红素，其中茶黄素是汤味刺激性和鲜爽的重要成分，茶红素是汤味中甜醇的主要因素。当然，品茶时也要注重精神享受。品茶不光是品尝茶的滋味，在了解茶的知识和文化的同时，也能提高品茶者的自身修养，并增进茶友之间的感情。

8. 收具

做事要有始有终，茶艺过程的最后一项工作就是整理、清洁茶具。这一过程可在客人离开后进行。收具要及时，过程要有序，清洗要干净，不能留有茶渍。特别注意的是茶具要及时进行消毒处理。

参考文献

［1］白碧珍，陈丽敏.提升中职茶艺与茶营销专业学生文化自信的实践［J］.广东茶业，2021（6）：43-46.

［2］华巍.茶艺表演在传播中国传统文化中的作用及实践研究［J］.福建茶叶，2022，44（3）：101-103.

［3］黄燕群.茶艺［M］.北京：中国农业大学出版社，2017.

［4］刘晓林.基于产教深度融合的职业教育社会培训实践研究：以茶艺培训为例［J］.福建茶叶，2022，44（1）：132-134.

［5］宋玉琳，杜嵩泉.中国传统文化视角下的茶艺之礼［J］.福建开放大学学报，2021（6）：36-40.

［6］王甜甜.借助茶艺过程培育高职学生工匠精神的实践探索［J］.福建茶叶，2022，44（2）：177-179.

［7］王雪莲.以职业素养为核心的中职茶艺课模块化教学模式探究［J］.福建茶叶，2021，43（12）：250-253.

［8］王珍珠.茶艺课程的思政改革思考［J］.福建茶叶，2022，44（3）：104-106.

［9］肖坤冰，帕金.听见好滋味：中国当代茶事活动中的多重感官体验［J］.民族艺术，2022（1）：85-94.

［10］张容容.高职酒店管理专业茶艺人才培养模式研究与探索［J］.老字号品牌营销，2022（4）：182-184.

［11］张哲.茶艺表演中民间舞表演的创新探究［J］.福建茶叶，2022，44（2）：60-62.

［12］赵莹.高校茶艺英语教学中茶文化教学策略及跨文化意识的培育路径思考［J］.福建茶叶，2022，44（3）：112-114.